U0179754

神州数码网络教学改革合作项目成果教材
神州数码网络认证教材

创建高级路由型互联网实训手册

第3版

主　编　杨鹤男　张　鹏
副主编　闫立国　罗　忠
参　编　包　楠　李晓隆　何　琳
　　　　沈天瑢　石　柳　周志荣
　　　　李勇辉

机 械 工 业 出 版 社

本书是《创建高级路由型互联网 第3版》的配套实训教材。本书采用项目实训的方式组织网络路由技术实践，针对实际项目中常用的、与路由紧密相关的技术和常见的解决方案展开实训活动，并通过部分提高实验，帮助学生完成对理论的检验，进一步加深对路由技术的理解。每个实训案例都包括知识点回顾、案例目的、应用环境、设备需求、案例拓扑、案例需求、实现步骤、注意事项和排错、案例总结、共同思考、课后练习等环节。本书内容翔实、步骤清晰，并且针对重点和难点的步骤给予了特别的解析。

本书可作为各类职业院校计算机应用专业和网络技术应用专业的实训教学用书，也可作为路由器和网络维护的工作指导书，还可作为计算机网络工程技术岗位培训的参考用书。

本书配有微课视频，可扫描书中二维码进行观看。

本书配有电子课件，选择本书作为授课教材的教师可以从机械工业出版社教育服务网（www.cmpedu.com）免费注册后下载或联系编辑（010-88379194）咨询。

图书在版编目（CIP）数据

创建高级路由型互联网实训手册/杨鹤男，张鹏主编．—3版．—北京：机械工业出版社，2021.5（2024.1重印）

神州数码网络教学改革合作项目成果教材

神州数码网络认证教材

ISBN 978-7-111-67897-7

Ⅰ.①创… Ⅱ.①杨… ②张… Ⅲ.①互联网络—路由选择—教材 Ⅳ.①TN915.05

中国版本图书馆CIP数据核字（2021）第057980号

机械工业出版社（北京市百万庄大街22号 邮政编码100037）

策划编辑：梁 伟 责任编辑：梁 伟 张星瑶

责任校对：赵 燕 封面设计：鞠 杨

责任印制：单爱军

北京虎彩文化传播有限公司印刷

2024年1月第3版第2次印刷

184mm×260mm・14印张・345千字

标准书号：ISBN 978-7-111-67897-7

定价：45.00元

电话服务	网络服务
客服电话：010-88361066	机　工　官　网：www.cmpbook.com
010-88379833	机　工　官　博：weibo.com/cmp1952
010-68326294	金　　书　　网：www.golden-book.com
封底无防伪标均为盗版	机工教育服务网：www.cmpedu.com

前　言

本书是神州数码DCNP（神州数码认证高级网络工程师）认证考试的指定教材，对路由型网络的实训案例进行了详细阐述。本书内容包括网络工程师实际工作中遇到的各种典型问题的实训案例，所教授的技术和引用的案例都是神州数码推荐的设计方案和典型的成功案例。

本书根据神州数码多年积累的项目实际应用进行编写，以信息产业人才需求为基本依据，以提高学生的职业能力和职业素养为宗旨，是一本实践性很强的实训教材，并且对职业院校师生参加各省市及全国职业技能大赛有一定的指导作用。

本书由杨鹤男、张鹏任主编，由闫立国、罗忠任副主编，参与编写的还有包楠、李晓隆、何琳、沈天瑢、石柳、周志荣、李勇辉。

本书全体编者衷心感谢提供各类资料及项目素材的神州数码网络工程师、产品经理及技术部的同仁，同时也要感谢与编者合作、来自职业教育战线的教师们提供了大量需求建议及参与部分内容的校对和整理工作。

本书所用的图标：本书图标采用神州数码图标库标准图标，除真实设备外，所有图标的逻辑示意如下。

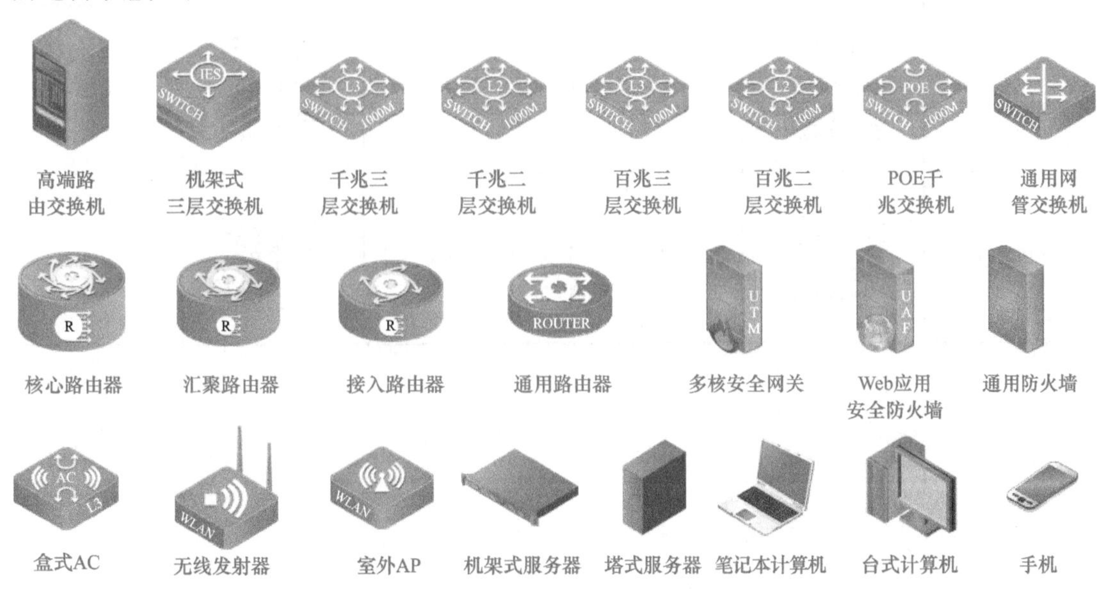

由于编者的经验和水平有限，书中不足之处在所难免，欢迎读者批评指正。

编　者

二维码索引

目　录

案例1　静态路由掩码最长匹配实验

1. 知识点回顾

数据包到达路由器时，路由器进行数据报文的解封装，查看数据包IP头部信息中的目的IP地址，然后根据路由表查找规则进行匹配，路由器会依次使用最长掩码与目的IP地址进行与运算来匹配路由表中的路由条目。最终匹配到的路由条目一定是路由表中目的网段正确且掩码最长的路由条目，该过程也称为精确匹配。

2. 案例目的

- 理解路由表查询的规则。
- 进一步熟悉静态路由的配置方法。
- 进一步熟悉路由表的各种参数。

3. 应用环境

面对当前IP地址资源匮乏的形势，很多企业采用子网的方式设置局域网环境。在三层设备中为每一个子网提供一条确切的路由是最标准的路由设置方法，但这样会造成三层设备的路由表规模变大，路由条目数量庞大，三层交换机查询效率会受到一定的影响。比较合理的做法是将可能合并成一个大网的子网在路由表中进行汇总，使它们通过一条路由查询到出口，这样会提升查询效率，但同时也要求必须对全网的子网分布进行合理规划，否则会因为路由表的查找规则造成网络的连通问题。本案例集中讨论路由表查找规则中关于掩码最长匹配原则的问题，主要针对VLSM环境进行讨论。

4. 设备需求

- 路由器两台。
- 计算机两台。
- 网线若干。

5. 案例拓扑

静态路由掩码最长匹配案例拓扑图如图1-1所示。

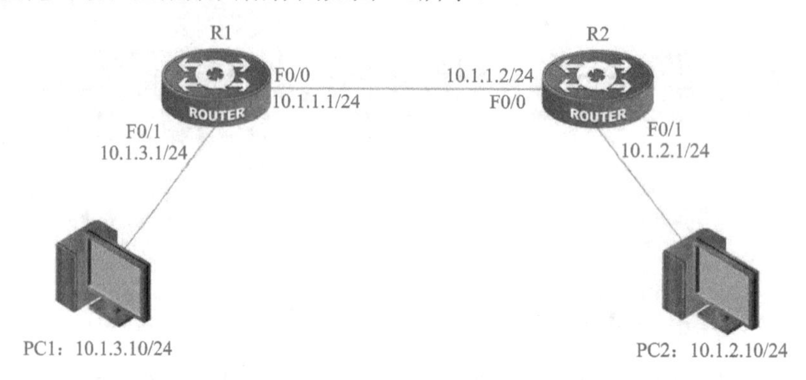

图1-1　静态路由掩码最长匹配案例拓扑图

6. 案例需求

1）本项目案例模拟一个简单的企业网场景，案例拓扑图如图1-1所示。

2）有R1、R2两台路由器，分别连接PC1、PC2。通过图示给路由器和PC配置IP地址。

3）为验证路由表查找规则中关于掩码最长匹配原则，在R1、R2上配置静态路由后，通过测试PC1、PC2之间是否可以正常通信来判断。

7. 实现步骤

1）基础环境配置。

根据图1-1进行相应的项目环境基础配置，并使用ping命令测试R1、R2以及PC1、PC2和默认网关之间的连通性。

本实验使用F0/0互联两台路由器，其中R1的F0/1连接PC1，R2的F0/1连接PC2

基础环境配置如下。

```
------------------------------R1------------------------------
Router#
Router#config
Router_config#hostname R1R1_config#interface fastEthernet 0/0
R1_config_f0/0#ip address 10.1.1.1 255.255.255.0
R1_config_f0/0#exit
R1_config#interface fastEthernet 0/1
R1_config_f0/1#ip add 10.1.3.1 255.255.255.0
R1_config_f0/1#exit
R1_config#write
Saving current configuration...
OK!
```

```
R1_config#
------------------------------R2------------------------------
Router#
Router#config
Router_config#hostname R2
R2_config#interface fastEthernet 0/0
R2_config_f0/0#ip add 10.1.1.2 255.255.255.0
R2_config_f0/0#exit
R2_config#interface fastEthernet 0/1
R2_config_f0/1#ip add 10.1.2.1 255.255.255.0
R2_config_f0/1#exit
R2_config#interface fastEthernet 0/1
R2_config_f0/1#ip add 10.1.2.1 255.255.255.0
R2_config_f0/1#exit
R2_config#
Saving current configuration...
OK!
R2_config#R2_config#ping 10.1.1.1
PING 10.1.1.1 (10.1.1.1): 56 data bytes
!!!!!
--- 10.1.1.1 ping statistics ---
5 packets transmitted, 5 packets received, 0% packet loss
round-trip min/avg/max = 0/0/0 ms


------------------------------PC1------------------------------
C:\>ipconfig

Windows IP Configuration

Ethernet adapter 本地连接:

      Connection-specific DNS Suffix  . :
      IP Address. . . . . . . . . . . . : 10.1.3.10
      Subnet Mask . . . . . . . . . . . : 255.255.255.0
      Default Gateway . . . . . . . . . : 10.1.3.1

C:\>ping 10.1.3.1

Pinging 10.1.3.1 with 32 bytes of data:
```

```
Reply from 10.1.3.1: bytes=32 time<1ms TTL=255
Reply from 10.1.3.1: bytes=32 time<1ms TTL=255
Reply from 10.1.3.1: bytes=32 time<1ms TTL=255
Reply from 10.1.3.1: bytes=32 time<1ms TTL=255

Ping statistics for 10.1.3.1:
   Packets: Sent = 4, Received = 4, Lost = 0 (0% loss),
Approximate round trip times in milli-seconds:
Minimum = 0ms, Maximum = 0ms, Average = 0ms
```

PC2与默认网关之间的连通性测试与PC1类似，测试过程省略。

注意：以上已经验证了两台路由器之间单条链路的连通性及PC和默认网关之间的连通性。

2）配置静态路由。

① 配置静态路由的代码如下。

```
-------------------------------R1-------------------------------
R1_config#ip route  10.0.0.0 255.0.0.0 10.1.1.2
R1_config#ip route 10.1.2.0 255.255.255.0 10.1.3.10
-------------------------------R2-------------------------------
R2_config#ip route 10.0.0.0 255.0.0.0 10.1.1.1
R2_config#ip route 10.1.3.0 255.255.255.0 10.1.2.10
```

② 查看路由表。

```
-------------------------------R1-------------------------------
R1#show ip route
Codes: C - connected, S - static, R - RIP, B - BGP, BC - BGP connected
     D - DEIGRP, DEX - external DEIGRP, O - OSPF, OIA - OSPF inter area
     ON1 - OSPF NSSA external type 1, ON2 - OSPF NSSA external type 2
     OE1 - OSPF external type 1, OE2 - OSPF external type 2
     DHCP - DHCP type

VRF ID: 0

S      10.0.0.0/8         [1,0] via 10.1.1.2(on FastEthernet0/0)
C      10.1.1.0/24         is directly connected, FastEthernet0/0
S      10.1.2.0/24         [1,0] via 10.1.3.10(on FastEthernet0/1)
C      10.1.3.0/24         is directly connected, FastEthernet0/1
R1#
-------------------------------R2-------------------------------
R2#show ip route
Codes: C - connected, S - static, R - RIP, B - BGP, BC - BGP connected
```

```
    D - DEIGRP, DEX - external DEIGRP, O - OSPF, OIA - OSPF inter area
    ON1 - OSPF NSSA external type 1, ON2 - OSPF NSSA external type 2
    OE1 - OSPF external type 1, OE2 - OSPF external type 2
    DHCP - DHCP type

VRF ID: 0

S     10.0.0.0/8       [1,0] via 10.1.1.1(on FastEthernet0/0)
C     10.1.1.0/24       is directly connected, FastEthernet0/0
C     10.1.2.0/24       is directly connected, FastEthernet0/3
S     10.1.3.0/24       [1,0] via 10.1.2.10(on FastEthernet0/3)
R2#
```

3）测试结果与分析。

通过上一步了解到，因为10.1.2.10的路由出了问题，所以测试不能连通，接着修改R1、R2上的静态路由条目，配置如下。

```
------------------------------R1------------------------------
R1_config#ip route 10.1.2.0 255.255.255.0 10.1.1.2
------------------------------R2------------------------------
R1_config#ip route 10.1.3.0 255.255.255.0 10.1.1.1
```

再次测试PC1与PC2之间的连通性。

```
C:\>ping 10.1.2.10

Pinging 10.1.3.10 with 32 bytes of data:

Reply from 10.1.3.10: bytes=32 time=2ms TTL=126
Reply from 10.1.3.10: bytes=32 time<1ms TTL=126
Reply from 10.1.3.10: bytes=32 time<1ms TTL=126
Reply from 10.1.3.10: bytes=32 time<1ms TTL=126

Ping statistics for 10.1.3.10:
  Packets: Sent = 4, Received = 4, Lost = 0 (0% loss),
Approximate round trip times in milli-seconds:
Minimum = 0ms, Maximum = 2ms, Average = 0ms
```

经过改正，PC1可以与PC2进行正常通信了。

8. 注意事项和排错

- 进行案例配置时，在第一步就将设备hostname改为与拓扑图一致的状态，有助于实验的顺利进行。
- 本案例中最终设置的静态路由的掩码并非最优方案，只是为验证最终规则而进行的测试配置，设置静态路由时不要完全效仿。

➢ 如果配置过程中发生静态路由无法写入路由表的情况，请查看静态路由指向的下一跳所对应端口是否处于UP状态。

9. 完整配置文档

```
------------------------------R1------------------------------
R1#sh ru
Building configuration...

Current configuration:
!
!version 1.3.3G
service timestamps log date
service timestamps debug date
no service password-encryption
!
hostname R1
gbsc group default
!
interface FastEthernet0/0
 ip address 10.1.1.1 255.255.255.0
 no ip directed-broadcast
!
interface FastEthernet0/1
 ip address 10.1.3.1 255.255.255.0
 no ip directed-broadcast
!
interface Serial0/2
 no ip address
 no ip directed-broadcast
!
interface Serial0/3
 no ip address
 no ip directed-broadcast
!
interface Async0/0
 no ip address
 no ip directed-broadcast
!
IP route 10.1.2.0 255.255.255.0 10.1.1.2
R1#
```

```
------------------------------R2------------------------------
R2#sh ru
Building configuration...

Current configuration:
!
!version 1.3.3G
service timestamps log date
service timestamps debug date
no service password-encryption
!
hostname R2
gbsc group default

interface FastEthernet0/0
 ip address 10.1.1.2 255.255.255.0
 no ip directed-broadcast
!
interface FastEthernet0/3
 ip address 10.1.2.1 255.255.255.0
 no ip directed-broadcast
!
interface Serial0/1
 no ip address
 no ip directed-broadcast
!
interface Serial0/2
 no ip address
 no ip directed-broadcast
!
interface Async0/0
 no ip address
 no ip directed-broadcast
!
IP route 10.1.3.0 255.255.255.0 10.1.1.1
R2#
```

10. 案例总结

通过对本项目的学习，可以发现路由器收到数据报文时查看目的IP地址，查找相应的路由信息，查找过程中按照最长掩码匹配原则进行。

11. 共同思考

在动态路由环境中，路由设备是不是也采用子网掩码最长匹配的查表规则？

12. 课后练习

1）案例拓扑图如图1-2所示。

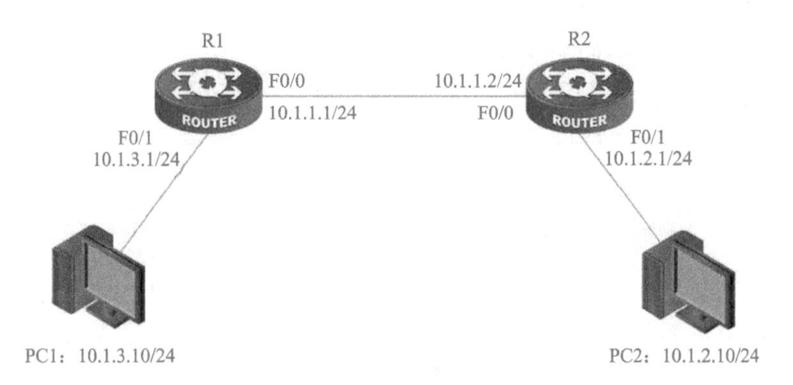

图1-2　案例拓扑图

2）案例要求：如图1-2所示，两台计算机之间利用静态路由互访，在R1和R2上配置多条静态路由，仔细观察路由表，解释路由查找原理。

案例2　浮动路由的配置

1. 知识点回顾

路由开销（Metric）和路由优先级（Preference）是两个不同的概念。Metric是针对同一种路由协议而言的，在同协议的情况下对比路由的开销值（Metric）。对于不同的协议，则采用优先级（Preference）来区分路由的“优劣”。

2. 案例目的

- 掌握静态路由Metric的配置方法。
- 理解度量值的含义。
- 进一步熟悉路由表结构。

3. 应用环境

对于提供冗余路由的环境，管理员总是希望优先使用优质路由，在优质路由出现问题时再启用较稳定但效率不高（或费用很高）的线路继续维持连通性。通过对度量值的调整，可以灵活地改动当前的活跃路由选取过程。

通常的做法是将优质路由的度量值调低一些，将非优质的路由度量值设置得相对较高，这样当优质路由不再存在时，非优质路由就会“浮”上路由表。

4. 设备需求

- 路由器两台。
- 计算机两台。
- 网线若干。

5. 案例拓扑

浮动路由配置案例拓扑图如图2-1所示。

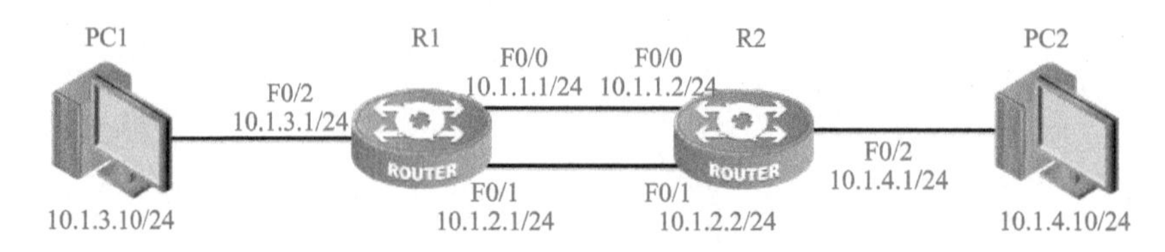

图2-1　浮动路由配置案例拓扑图

6. 案例需求

1）按照图2-1所示的拓扑图配置基础网络，给接口配置地址。

2）配置R1的静态路由，到达网络10.1.4.0分别经过10.1.1.2（度量值为10）和10.1.2.2（度量值为20）。

3）当两条线路都存在时，查看哪条静态路由被写入路由表，主链路被断掉后又如何。

7. 实现步骤

1）配置基础网络。

本实验中使用路由器各自的两个以太网接口来互连，其配置如下。

```
------------------------------R1------------------------------
Router#config
Router_config#hostname R1
R1_config#interface fastEthernet 0/0
R1_config_f0/0#ip address 10.1.1.1 255.255.255.0
R1_config_f0/0#exit
R1_config#interface fastEthernet 0/1
R1_config_f0/1#ip address 10.1.2.1 255.255.255.0
R1_config_f0/1#exit
R1_config#interface fastEthernet 0/2
R1_config_f0/1#ip address 10.1.3.1 255.255.255.0
R1_config_f0/1#exit

R1_config#exit
R1#
------------------------------R2------------------------------
Router#config
Router_config#hostname R2
R2_config#interface fastEthernet 0/0
R2_config_f0/0#ip address 10.1.1.2 255.255.255.0
R2_config_f0/0#exit
R2_config#interface fastEthernet 0/1
R2_config_f0/3#ip add 10.1.2.2 255.255.255.0
R2_config_f0/3#exit
R1_config#interface fastEthernet 0/2
R1_config_f0/1#ip address 10.1.4.1 255.255.255.0
R1_config_f0/1#exit
R2_config#exit
R2#
```

2）配置R1的静态路由。

到达网络10.1.4.0分别经过10.1.1.2（度量值为10）和10.1.2.2（度量值为20）的过程如下。

```
R1_config#ip route 10.1.4.0 255.255.255.0 10.1.1.2 10
R1_config#ip route 10.1.4.0 255.255.255.0 10.1.2.2 20
R1_config#
```

查看路由表如下。

```
R1#show ip route
Codes: C - connected, S - static, R - RIP, B - BGP, BC - BGP connected
    D - DEIGRP, DEX - external DEIGRP, O - OSPF, OIA - OSPF inter area
    ON1 - OSPF NSSA external type 1, ON2 - OSPF NSSA external type 2
    OE1 - OSPF external type 1, OE2 - OSPF external type 2
    DHCP - DHCP type

VRF ID: 0

C     10.1.1.0/24      is directly connected, FastEthernet0/0
C     10.1.2.0/24      is directly connected, FastEthernet0/1
C     10.1.3.0/24      is directly connected, Loopback0
S     10.1.4.0/24      [10,0] via 10.1.1.2(on FastEthernet0/0)
R1#
```

将F0/0端口断掉，再次查看路由表。

```
R1_config#interface fastEthernet 0/0
R1_config_f0/0#shut
R1_config_f0/0#exit
R1_config#show ip route
Codes: C - connected, S - static, R - RIP, B - BGP, BC - BGP connected
    D - DEIGRP, DEX - external DEIGRP, O - OSPF, OIA - OSPF inter area
    ON1 - OSPF NSSA external type 1, ON2 - OSPF NSSA external type 2
    OE1 - OSPF external type 1, OE2 - OSPF external type 2
    DHCP - DHCP type

VRF ID: 0

C     10.1.2.0/24      is directly connected, FastEthernet0/1
C     10.1.3.0/24      is directly connected, Loopback0
S     10.1.4.0/24      [20,0] via 10.1.2.2(on FastEthernet0/1)
R1_config#
```

注意，此时的度量值为20的静态路由已经生效了。

8. 注意事项和排错

➢ 从路由器中测试连通性的影响。

```
R1#ping 10.1.2.2
PING 10.1.2.2 (10.1.2.2): 56 data bytes
!!!!!
--- 10.1.2.2 ping statistics ---
5 packets transmitted, 5 packets received, 0% packet loss
round-trip min/avg/max = 0/0/0 ms
R1#ping 10.1.4.1
PING 10.1.4.1 (10.1.4.1): 56 data bytes
!!!!!
--- 10.1.4.1 ping statistics ---
5 packets transmitted, 5 packets received, 0% packet loss
round-trip min/avg/max = 0/0/0 ms
R1#ping 10.1.4.1 -i 10.1.3.1
PING 10.1.4.1 (10.1.4.1): 56 data bytes
....
--- 10.1.4.1 ping statistics ---
5 packets transmitted, 0 packets received, 100% packet loss
R1#
```

注意，上面的过程显示从R1出发ping 10.1.2.2是可以通的，表明链路没有问题，再ping 10.1.4.1也是可以通的，但以10.1.3.1为源地址出发ping 10.1.4.1却不通了。原因在于还没有为R2配置返回的路由，因此解决上述问题的办法就是为R2配置合适的静态路由，过程如下。

```
R2_config#ip route 10.1.3.0 255.255.255.0 10.1.1.1 10
R2_config#ip route 10.1.3.0 255.255.255.0 10.1.2.1 20
R2_config#exit
R2#Jan  1 00:26:20 Configured from console 0 by UNKNOWN
show ip route
Codes: C - connected, S - static, R - RIP, B - BGP, BC - BGP connected
    D - DEIGRP, DEX - external DEIGRP, O - OSPF, OIA - OSPF inter area
    ON1 - OSPF NSSA external type 1, ON2 - OSPF NSSA external type 2
    OE1 - OSPF external type 1, OE2 - OSPF external type 2
    DHCP - DHCP type

VRF ID: 0

C    10.1.1.0/24    is directly connected, FastEthernet0/0
C    10.1.2.0/24    is directly connected, FastEthernet0/3
S    10.1.3.0/24    [10,0] via 10.1.1.1(on FastEthernet0/0)
```

```
C     10.1.4.0/24        is directly connected, Loopback0
R2#
```

再次测试连通性。

```
R1#ping 10.1.4.1 -i 10.1.3.1
PING 10.1.4.1 (10.1.4.1): 56 data bytes
....
--- 10.1.4.1 ping statistics ---
5 packets transmitted, 0 packets received, 100% packet loss
R1#
```

还是没有连通，这又是为什么？

➢ 故障排查。

分析上面的R2路由表得到一条静态路由：

S 10.1.3.0/24 [10,0] via 10.1.1.1(on FastEthernet0/0)

由此知道从R2去往10.1.3.0网络的数据（R1以10.1.3.1为源地址所发ping包的返回数据）需要从F0/0口发送给R1，而此时R1的F0/0端口是断掉状态，因此无法通信。

解决办法就是把R2的F0/0口也断掉，或者将F0/0端口的线缆拔掉，过程如下。

```
R2_config#interface fastethernet 0/0
R2_config_f0/0#shut
R2_config_f0/0#exit
R2_config#exit
R2#sh ip route
Codes: C - connected, S - static, R - RIP, B - BGP, BC - BGP connected
         D - DEIGRP, DEX - external DEIGRP, O - OSPF, OIA - OSPF inter area
         ON1 - OSPF NSSA external type 1, ON2 - OSPF NSSA external type 2
         OE1 - OSPF external type 1, OE2 - OSPF external type 2
         DHCP - DHCP type

VRF ID: 0

C     10.1.2.0/24        is directly connected, FastEthernet0/3
S     10.1.3.0/24        [20,0] via 10.1.2.1(on FastEthernet0/3)
C     10.1.4.0/24        is directly connected, Loopback0
R2#
```

此时，再次测试连通性。

```
R1#ping 10.1.4.1 -i 10.1.3.1
PING 10.1.4.1 (10.1.4.1): 56 data bytes
!!!!!
--- 10.1.4.1 ping statistics ---
5 packets transmitted, 5 packets received, 0% packet loss
round-trip min/avg/max = 0/0/0 ms
R1#
```

问题已经解决。

9. 完整配置文档

```
------------------------------R1------------------------------
R1#show ru
Building configuration...

Current configuration:
!
!version 1.3.3G
service timestamps log date
service timestamps debug date
no service password-encryption
!
hostname R1
!
gbsc group default
!
!
interface Loopback0
 ip address 10.1.3.1 255.255.255.0
 no ip directed-broadcast
!
interface FastEthernet0/0
 ip address 10.1.1.1 255.255.255.0
 no ip directed-broadcast
 shutdown
!
interface FastEthernet0/1
 ip address 10.1.2.1 255.255.255.0
 no ip directed-broadcast
!
interface FastEthernet0/2
 ip address 10.1.3.1 255.255.255.0
 no ip directed-broadcast
interface Serial0/2
 no ip address
 no ip directed-broadcast
!
interface Serial0/3
 no ip address
 no ip directed-broadcast
!
interface Async0/0
 no ip address
 no ip directed-broadcast
!
ip route 10.1.4.0 255.255.255.0 10.1.2.2 20
ip route 10.1.4.0 255.255.255.0 10.1.1.2 10
!
```

```
------------------------------R2------------------------------
R2#sh ru
Building configuration...

Current configuration:
!
!version 1.3.3G
service timestamps log date
service timestamps debug date
no service password-encryption
!
hostname R2
!
gbsc group default
!
!
interface Loopback0
 ip address 10.1.4.1 255.255.255.0
 no ip directed-broadcast
!
interface FastEthernet0/0
 ip address 10.1.1.2 255.255.255.0
 no ip directed-broadcast
 shutdown
!
interface FastEthernet0/3
 ip address 10.1.2.2 255.255.255.0
 no ip directed-broadcast
!
interface FastEthernet0/2
 ip address 10.1.4.1 255.255.255.0
 no ip directed-broadcast
interface Serial0/1
 no ip address
 no ip directed-broadcast
!
interface Serial0/2
 no ip address
 no ip directed-broadcast
!
interface Async0/0
 no ip address
 no ip directed-broadcast
!
ip route 10.1.3.0 255.255.255.0 10.1.2.1 20
ip route 10.1.3.0 255.255.255.0 10.1.1.1 10
!
```

10. 案例总结

通过本案例，实现修改Preference属性来达到“浮动”路由的目的，熟悉浮动路由的使用场景、配置步骤、原理等，掌握对该属性的使用。

11. 共同思考

为什么刚刚使用shut命令时，只有本端的路由器将相关的静态路由改动了，而对端却没有变化？是否有可能通过更改静态路由的优先级使它们可以成为动态路由的浮动路由？

12. 课后练习

1）案例拓扑图如图2-2所示。

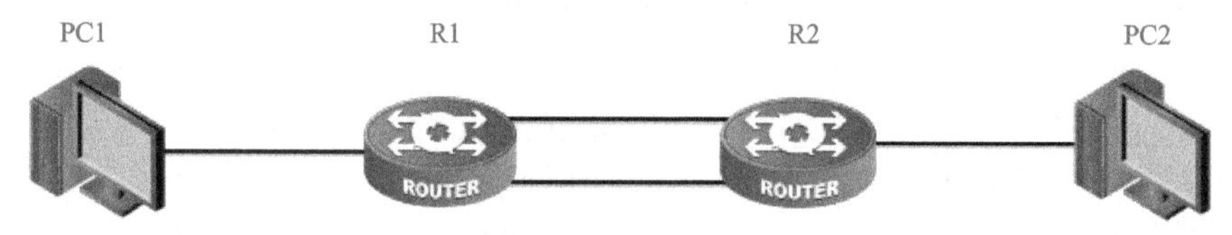

图2-2　案例拓扑图

2）案例要求：尝试使用不同的IP地址重新进行设置。

案例3　ICMP重定向实验

1. 知识点回顾

ICMP是互联网控制报文协议。它是TCP/IP族的一个子协议，用于在IP主机、路由器之间传递控制消息。控制消息是指网络通不通、主机是否可达、路由是否可用等网络本身的消息。

ICMP重定向报文是ICMP控制报文中的一种。在特定的情况下，当路由器检测到一台机器使用非优化路由时，它会向该主机发送一个ICMP重定向报文，请求主机改变路由。路由器也会把初始数据报向它的目的地转发。

2. 案例目的

- 理解ICMP重定向存在环境。
- 进一步熟悉ICMP报文结构。

3. 应用环境

在多出口环境中，计算机终端的路由选择完全可以通过ICMP重定向来操作，不需要为终端计算机配置多个网络的出口。只要环境中的路由设备能够拥有正确的路由信息，计算机就可以通过ICMP重定向报文找到每个网络的正确出口路由了。

4. 设备需求

- 计算机两台。
- 路由器两台。
- 交换机1台。
- 网线若干。

5. 案例拓扑

ICMP重定向原理案例拓扑图如图3-1所示。

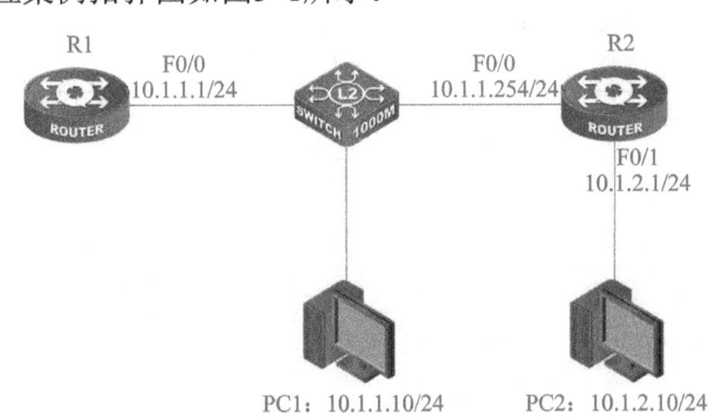

图3-1　ICMP重定向原理案例拓扑图

6. 案例需求

1）按照图3-1所示配置基础环境，给两台路由器配置接口IP地址。

2）注意，PC1的网关配置为10.1.1.1，PC2的网关配置为10.1.2.1。

3）配置R1的路由ip route 10.1.2.0 255.255.255.0 10.1.1.254。

4）在PC1中开启抓包软件，启动抓取ICMP报文。

5）在PC1开启持续的ping PC2。停止捕获，查看ICMP报文，重点关注ECHO报文。

7. 实现步骤

1）配置基础环境。

```
------------------------------R1------------------------------
Router#config
Router_config#hostname R1
R1_config#interface fastEthernet 0/0
R1_config_f0/0#ip add 10.1.1.1 255.255.255.0
R1_config_f0/0#exit
R1_config#ip route 10.1.2.0 255.255.255.0 10.1.1.254
R1_config#exit
R1#
------------------------------R2------------------------------
Router#config
Router_config#hostname R2
R2_config#interface fastEthernet 0/0
R2_config_f0/0#ip add 10.1.1.254 255.255.255.0
R2_config_f0/0#exit
R2_config#interface fastEthernet 0/1
R2_config_f0/1#ip add 10.1.2.1 255.255.255.0
R2_config_f0/1#exit
R2_config#exit
R2#wr
Saving current configuration...
OK!
R2#Jan  1 00:01:52 Configured from console 0 by UNKNOWN
```

2）PC1启动抓包软件，本实验使用sniffer。

启动后，定义一个过滤器，如图3-2所示。

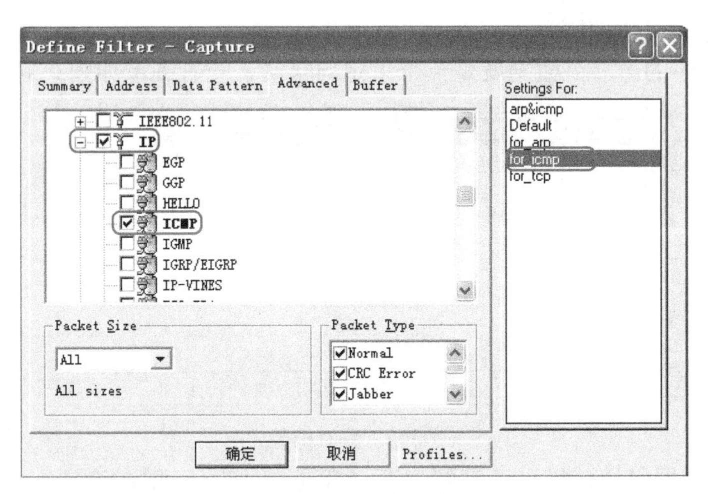

图3-2 定义一个过滤器

启动抓包过程后，在PC1中开启一次ping过程，如下所示。

```
C:\Documents and Settings\Administrator>ping 10.1.2.10

Pinging 10.1.2.10 with 32 bytes of data:

Reply from 10.1.2.10: bytes=32 time=1ms TTL=127
Reply from 10.1.2.10: bytes=32 time<1ms TTL=127
Reply from 10.1.2.10: bytes=32 time<1ms TTL=127
Reply from 10.1.2.10: bytes=32 time<1ms TTL=127

Ping statistics for 10.1.2.10:
   Packets: Sent = 4, Received = 4, Lost = 0 (0% loss),
Approximate round trip times in milli-seconds:
   Minimum = 0ms, Maximum = 1ms, Average = 0ms

C:\Documents and Settings\Administrator>
```

查看抓包结果，可以看到抓取了9个ICMP数据，打开编码，如图3-3所示。

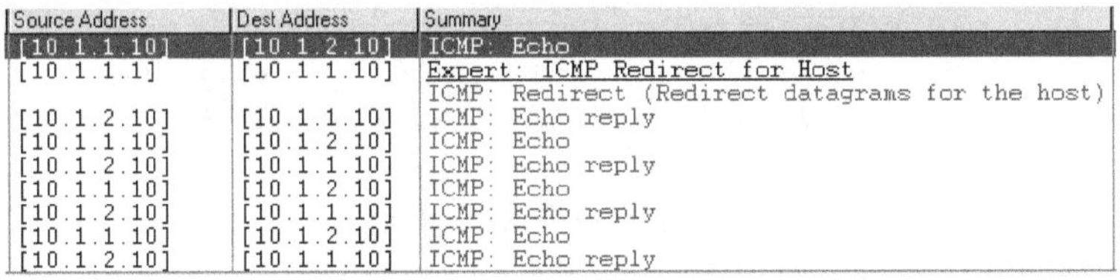

Source Address	Dest Address	Summary
[10.1.1.10]	[10.1.2.10]	ICMP: Echo
[10.1.1.1]	[10.1.1.10]	Expert: ICMP Redirect for Host
		ICMP: Redirect (Redirect datagrams for the host)
[10.1.2.10]	[10.1.1.10]	ICMP: Echo reply
[10.1.1.10]	[10.1.2.10]	ICMP: Echo
[10.1.2.10]	[10.1.1.10]	ICMP: Echo reply
[10.1.1.10]	[10.1.2.10]	ICMP: Echo
[10.1.2.10]	[10.1.1.10]	ICMP: Echo reply
[10.1.1.10]	[10.1.2.10]	ICMP: Echo
[10.1.2.10]	[10.1.1.10]	ICMP: Echo reply

图3-3 抓取的9个ICMP数据

注意，第一个ECHO包的目的MAC地址是10.1.1.1的MAC，如图3-4所示。

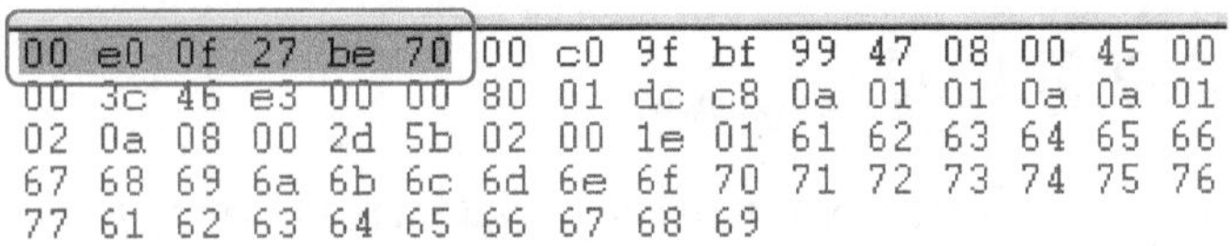

```
00 e0 0f 27 be 70 00 c0 9f bf 99 47 08 00 45 00
00 3c 46 e3 00 00 80 01 dc c8 0a 01 01 0a 0a 01
02 0a 08 00 2d 5b 02 00 1e 01 61 62 63 64 65 66
67 68 69 6a 6b 6c 6d 6e 6f 70 71 72 73 74 75 76
77 61 62 63 64 65 66 67 68 69
```

图3-4 第一个ECHO包的目的MAC地址

3）查看ICMP重定向报文。

注意，图3-3中的第二个数据就是一个重定向报文，查看细节如图3-5所示。

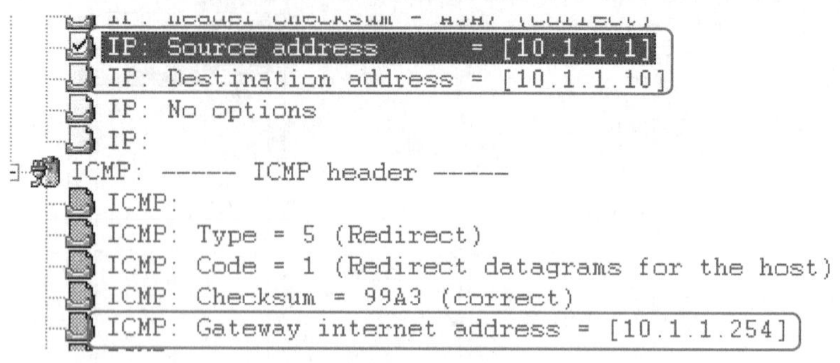

图3-5　查看细节

这个重定向数据包的含义可以理解如下：我是10.1.1.1，现在给10.1.1.10发一个消息，告诉它，它的网关应该是10.1.1.254，请今后直接给他发包，不用再给我了。

从终端来看，它将记录下这个信息到自己的路由表中，此时终端的路由表如图3-6所示。

```
C:\Documents and Settings\Administrator>route print
===========================================================================
Interface List
0x1 ........................... MS TCP Loopback interface
0xa0002 ...00 c0 9f bf 99 47 ...... Realtek RTL8139 Family PCI Fast Ethernet
 #2 - 数据包计划程序微型端口
===========================================================================
===========================================================================
Active Routes:
Network Destination        Netmask          Gateway       Interface  Metric
          0.0.0.0          0.0.0.0         10.1.1.1      10.1.1.10       20
         10.1.1.0    255.255.255.0        10.1.1.10      10.1.1.10       20
        10.1.1.10  255.255.255.255        127.0.0.1      127.0.0.1       20
        10.1.2.10  255.255.255.255       10.1.1.254      10.1.1.10       1
   10.255.255.255  255.255.255.255        10.1.1.10      10.1.1.10       20
        127.0.0.0        255.0.0.0        127.0.0.1      127.0.0.1       1
        224.0.0.0        240.0.0.0        10.1.1.10      10.1.1.10       20
  255.255.255.255  255.255.255.255        10.1.1.10      10.1.1.10       1
Default Gateway:          10.1.1.1
===========================================================================
Persistent Routes:
  None
```

图3-6　终端的路由表

这里表示，这台计算机已经知道了去10.1.2.10直接给10.1.1.254发数据。

4）查看后续的ECHO报文，如图3-7所示。

```
00 e0 0f 9c 6e c9 00 c0 9f bf 99 47 08 00 45 00
00 3c 46 e4 00 00 80 01 dc c7 0a 01 01 0a 0a 01
02 0a 08 00 2c 5b 02 00 1f 01 61 62 63 64 65 66
67 68 69 6a 6b 6c 6d 6e 6f 70 71 72 73 74 75 76
77 61 62 63 64 65 66 67 68 69
```

图3-7　查看后续的ECHO报文

可以看到，目的MAC地址已经变成10.1.1.254的MAC，而不是第一个ECHO报文的10.1.1.1的MAC地址了。

8. 注意事项和排错

➢ 如果在抓包之前已经做过ping的测试，那么抓包再次ping是无法获取重定向的，只能通过route delete命令将计算机的路由表中关于重定向的新路由删除，再次抓包即可。

➢ 本实验没有抓取ARP数据，因此没有讨论主机如何获取10.1.1.254的MAC地址。

9. 完整配置文档

```
------------------------------R1------------------------------
R1#sh ru
Building configuration...

Current configuration:
!
!version 1.3.3G
service timestamps log date
service timestamps debug date
no service password-encryption
!
hostname R1
!
gbsc group default
!
interface FastEthernet0/0
 ip address 10.1.1.1 255.255.255.0
 nop directed-broadcast
!
interface FastEthernet0/1
 no ip address
 no ip directed-broadcast
!
interface Serial0/2
 no ip address
 no ip directed-broadcast
!
interface Serial0/3
 no ip address
 no ip directed-broadcast
!
interface Async0/0
 no ip address
 no ip directed-broadcast
!
ip route 10.1.2.0 255.255.255.0 10.1.1.254
```

```
------------------------------R2------------------------------
R2#sh ru
Building configuration...

Current configuration:
!
!version 1.3.3G
service timestamps log date
service timestamps debug date
no service password-encryption
!
hostname R2
!
gbsc group default
!
interface FastEthernet0/0
 ip address 10.1.1.254 255.255.255.0
 no ip directed-broadcast
!
interface FastEthernet0/1
 ip address 10.1.2.1 255.255.255.0
 no ip directed-broadcast
!
interface Serial0/1
 no ip address
 no ip directed-broadcast
!
interface Serial0/2
 no ip address
 no ip directed-broadcast
!
interface Async0/0
 no ip address
 no ip directed-broadcast
!
!
```

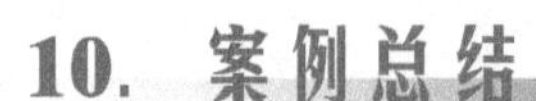

10. 案例总结

通过对本案例的学习，可以深入理解ICMP重定向报文的工作原理。在实际的工作中，ICMP重定向大大减少了客户端的管理工作，降低了对于主机的路由功能要求，该功能把所有的负担推向路由器学习。

11. 共同思考

1）ICMP重定向的配置方法与在计算机中配置两个网关的方法有什么异同？

2）ICMP的重定向报文类型号是多少？它是怎样进行封装的？

12. 课后练习

1）案例拓扑图如图3-8所示。

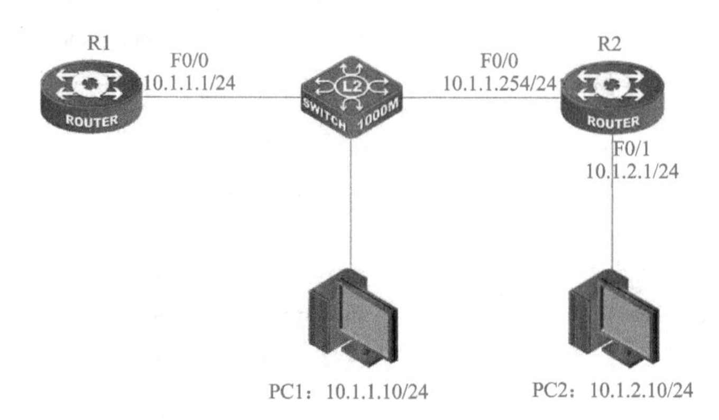

图3-8　案例拓扑图

2）案例要求：在R1和R2之间使用动态路由协议（如RIP），将静态路由去掉，重复实验过程。

案例4　RIPv1与RIPv2的兼容

1. 知识点回顾

RIP属于内部网关协议（IGP），是一种动态路由选择协议，用于自治系统（AS）内的路由信息的传递。RIP基于距离矢量算法（Distance Vector Algorithms），使用“跳数”（即metric）来衡量到达目标地址的路由距离。这种协议的路由器只与自己相邻的路由器交换信息，范围限制在15跳之内。

2. 案例目的

- 进一步了解RIP版本1和版本2之间的差异。
- 掌握RIP两个版本共存环境的配置。
- 熟悉RIP的更新方式。

3. 应用环境

网络协议的设计总是提供向后和向前的兼容性，在RIP版本1和版本2共存的环境中，通常也可以使用配置的方式进行兼容，而不必一定统一调整为版本2或版本1。

4. 设备需求

- 路由器两台。
- 计算机两台。
- 网线若干。

扫码看视频

5. 案例拓扑

RIPv1与RIPv2的兼容案例拓扑图如图4-1所示。

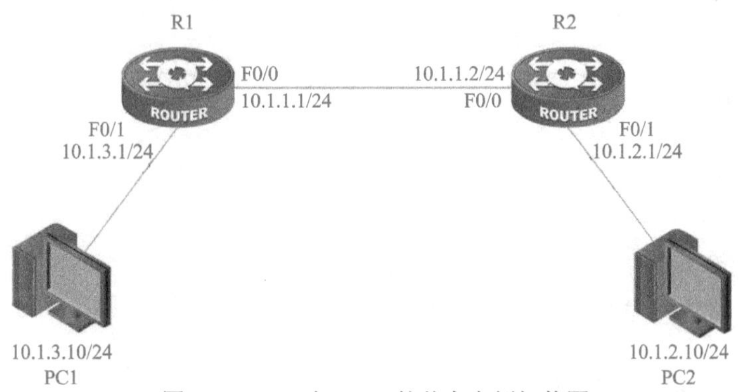

图4-1　RIPv1与RIPv2的兼容案例拓扑图

6. 案例需求

1）按照图4-1配置基础环境，配置路由器接口地址和计算机的IP地址。

2）配置R1使用RIPv1、R2使用RIPv2，分别使用network命令进行网段宣告。

3）在R2中使用命令兼容R1的版本1。

4）开启DEBUG查看R1和R2收发的RIP报文。

7. 实现步骤

1）配置基础环境。

```
------------------------------R1------------------------------
Router_config#hostname R1
R1_config#interface fastEthernet 0/0
R1_config_f0/0#ip address 10.1.1.1 255.255.255.0
R1_config_f0/0#exit
R1_config#interface fastEthernet 0/1
R1_config_f0/1#ip address 10.1.3.1 255.255.255.0
R1_config_f0/1#exit
R1_config#

------------------------------R2------------------------------
Router_config#hostname R2
R2_config#interface fastEthernet 0/0
R2_config_f0/0#ip address 10.1.1.2 255.255.255.0
R2_config_f0/0#exit
R2_config#interface fastEthernet 0/1
R2_config_f0/1#ip address 10.1.2.1 255.255.255.0
R2_config_f0/1#exit
R2_config#
```

2）配置RIP。

```
------------------------------R1------------------------------
R1_config#router rip
R1_config_rip#network 10.1.1.0
R1_config_rip#network10.1.3.0
R1_config_rip#version 1
R1_config_rip#exit

------------------------------R2------------------------------
R2_config#router rip
R2_config_rip#network 10.1.1.0 255.255.255.0
```

```
R2_config_rip#network 10.1.2.0 255.255.255.0
R2_config_rip#version 2
R2_config_rip#
```

查看路由表。

```
------------------------------R1------------------------------
R1_config#show ip route
Codes: C - connected, S - static, R - RIP, B - BGP, BC - BGP connected
         D - DEIGRP, DEX - external DEIGRP, O - OSPF, OIA - OSPF inter area
         ON1 - OSPF NSSA external type 1, ON2 - OSPF NSSA external type 2
         OE1 - OSPF external type 1, OE2 - OSPF external type 2
         DHCP - DHCP type

VRF ID: 0

C        10.1.1.0/24        is directly connected, FastEthernet0/0
R        10.1.2.0/24        [120,1] via 10.1.1.2(on FastEthernet0/0)
C        10.1.3.0/24        is directly connected, FastEthernet0/1
R1_config#

------------------------------R2------------------------------
R2#ship route
Codes: C - connected, S - static, R - RIP, B - BGP, BC - BGP connected
         D - DEIGRP, DEX - external DEIGRP, O - OSPF, OIA - OSPF inter area
         ON1 - OSPF NSSA external type 1, ON2 - OSPF NSSA external type 2
         OE1 - OSPF external type 1, OE2 - OSPF external type 2
         DHCP - DHCP type

VRF ID: 0

C        10.1.1.0/24        is directly connected, FastEthernet0/0
C        10.1.2.0/24        is directly connected, FastEthernet0/3
R        10.1.3.0/24        [120,1] via 10.1.1.1(on FastEthernet0/0)
R2#
```

3）兼容性思考。

这里观察到，即使R1使用了v1，R2使用了v2，它们依然可以建立起路由表，并且互通性测试也没有问题，但详细查看RIP的数据库就有问题了。

```
R2#sh ip rip data
 10.0.0.0/8       auto-summary
 10.1.1.0/24      directly connected  FastEthernet0/0
 10.1.2.0/24      directly connected  FastEthernet0/3
 10.1.3.0/24      [120,1]  via 10.1.1.1 (on FastEthernet0/0)  00:02:39
…//省略一段时间
```

R2#sh ip rip data
10.0.0.0/8 auto-summary
10.1.1.0/24 directly connected FastEthernet0/0
10.1.2.0/24 directly connected FastEthernet0/3
10.1.3.0/24 [120,16] via 10.1.1.1 holddown (on FastEthernet0/0) 00:00:14

以上选取了R2的数据库进行查看，发现其对于远端网络的学习已经终止了，3min后进入了holddown时间，再经过2min即从数据库中清除这条路由了。

从holddown时间开始，从终端发起的测试连通就已经无法连通了，如下所示。

Reply from 10.1.3.10: bytes=32 time<1ms TTL=126
Reply from 10.1.3.10: bytes=32 time<1ms TTL=126
Reply from 10.1.2.1: Destination host unreachable.
Reply from 10.1.2.1: Destination host unreachable.

以上的实验表明RIP版本1和版本2之间并不是自动兼容的。开启R1和R2的debug功能可以得到如下的信息。

R2#2002-1-1 01:56:26 RIP: send to 224.0.0.9 via FastEthernet0/0
2002-1-1 01:56:26 vers 2, CMD_RESPONSE, length 24
2002-1-1 01:56:26 10.1.2.0/24 via 0.0.0.0 metric 1
2002-1-1 01:56:26 RIP: send to 224.0.0.9 via FastEthernet0/3
2002-1-1 01:56:26 vers 2, CMD_RESPONSE, length 24
2002-1-1 01:56:26 10.1.1.0/24 via 0.0.0.0 metric 1
2002-1-1 01:56:43 RIP: ignored v1 packet from 10.1.1.1 (Illegal version).
//R2路由器忽略了来自10.1.1.1的v1版本数据
2002-1-1 01:56:56 RIP: send to 224.0.0.9 via FastEthernet0/0
2002-1-1 01:56:56 vers 2, CMD_RESPONSE, length 24
2002-1-1 01:56:56 10.1.2.0/24 via 0.0.0.0 metric 1
2002-1-1 01:56:56 RIP: send to 224.0.0.9 via FastEthernet0/3
2002-1-1 01:56:56 vers 2, CMD_RESPONSE, length 24
2002-1-1 01:56:56 10.1.1.0/24 via 0.0.0.0 metric 1
以下是R1路由器中的debug信息
2002-1-1 03:40:14 RIP: send to 255.255.255.255 via FastEthernet0/0
2002-1-1 03:40:14 vers 1, CMD_RESPONSE, length 24
2002-1-1 03:40:14 10.1.3.0/0 via 0.0.0.0 metric 1
2002-1-1 03:40:14 RIP: send to 255.255.255.255 via FastEthernet0/1
2002-1-1 03:40:14 vers 1, CMD_RESPONSE, length 44
2002-1-1 03:40:14 10.1.1.0/0 via 0.0.0.0 metric 1
2002-1-1 03:40:14 10.1.2.0/0 via 0.0.0.0 metric 2
2002-1-1 03:40:27 RIP: recv RIP from 10.1.1.2 on FastEthernet0/0
2002-1-1 03:40:27 vers 2, CMD_RESPONSE, length 24
//R1对R2的版本2信息是可以接受的，这从R1的路由表也可以看到。
2002-1-1 03:40:27 10.1.2.0/24 via 0.0.0.0 metric 1

R1的路由表如下。

R1#sh ip route

```
Codes: C - connected, S - static, R - RIP, B - BGP, BC - BGP connected
    D - DEIGRP, DEX - external DEIGRP, O - OSPF, OIA - OSPF inter area
    ON1 - OSPF NSSA external type 1, ON2 - OSPF NSSA external type 2
    OE1 - OSPF external type 1, OE2 - OSPF external type 2
    DHCP - DHCP type

VRF ID: 0

C     10.1.1.0/24       is directly connected, FastEthernet0/0
R     10.1.2.0/24       [120,1] via 10.1.1.2(on FastEthernet0/0)
C     10.1.3.0/24       is directly connected, FastEthernet0/1
```

而R2的信息中却没有10.1.3.0的表项。

以上的操作说明了一个问题：RIP的版本1可以识别并采纳来自版本2的更新，而版本2却不能识别版本1的信息，因此在版本2的R2路由器中增加识别版本1更新的能力即可。

8. 注意事项和排错

可以在R2的F0/0端口中添加特殊的命令完成兼容性的配置。

```
R2_config#interface fastEthernet 0/0
R2_config_f0/0#ip rip receive version 1
R2_config_f0/0#
```

此时再次查看R2的路由表如下。

```
R2#ship route
Codes: C - connected, S - static, R - RIP, B - BGP, BC - BGP connected
    D - DEIGRP, DEX - external DEIGRP, O - OSPF, OIA - OSPF inter area
    ON1 - OSPF NSSA external type 1, ON2 - OSPF NSSA external type 2
    OE1 - OSPF external type 1, OE2 - OSPF external type 2
    DHCP - DHCP type

VRF ID: 0

C     10.1.1.0/24       is directly connected, FastEthernet0/0
C     10.1.2.0/24       is directly connected, FastEthernet0/3
R     10.1.3.0/24       [120,1] via 10.1.1.1(on FastEthernet0/0)
R2#
```

而此时从终端的ping也可以连通了。值得注意的是，此时如果在版本1的设备中操作，则可以添加发送版本为2，达到兼容的效果。

如下所示。

```
R1_config#int f 0/0
R1_config_f0/0#ip rip send version 2
```

以上两种方法二选一即可。

9. 完整配置文档

```
------------------------------R1------------------------------
R1#sh ru
Building configuration...

Current configuration:
!
!version 1.3.3G
service timestamps log date
service timestamps debug date
no service password-encryption
!
hostname R1
!
gbsc group default
!
interface FastEthernet0/0
 ip address 10.1.1.1 255.255.255.0
 no ip directed-broadcast
!
interface FastEthernet0/1
 ip address 10.1.3.1 255.255.255.0
 no ip directed-broadcast
!
interface Serial0/2
 no ip address
 no ip directed-broadcast
!
interface Serial0/3
 no ip address
 no ip directed-broadcast
!
interface Async0/0
 no ip address
 no ip directed-broadcast
!

router rip
 network 10.0.0.0


!
```

```
------------------------------R2------------------------------
R2#sh ru
Building configuration...

Current configuration:
!
!version 1.3.3G
service timestamps log date
service timestamps debug date
no service password-encryption
!
hostname R2
!
gbsc group default
!
interface FastEthernet0/0
 ip address 10.1.1.2 255.255.255.0
 no ip directed-broadcast
 ip rip receive version 1
!
interface FastEthernet0/3
 ip address 10.1.2.1 255.255.255.0
 no ip directed-broadcast
!
interface Serial0/1
 no ip address
 no ip directed-broadcast
!
interface Serial0/2
 no ip address
 no ip directed-broadcast
!
interface Async0/0
 no ip address
 no ip directed-broadcast
!
router rip
 version 2
 network 10.1.1.0 255.255.255.0
 network 10.1.2.0 255.255.255.0
```

10. 案例总结

通过本案例的学习，能够掌握RIPv1和RIPv2的配置方法和工作原理。通过在特殊情况下的规划，能够实现RIPv1和RIPv2的兼容。

11. 共同思考

1）为什么本实验一开始时版本2可以将R1发送来的远端路由添加到路由表，而后就不再识别？

2）能否从RIP更新报文格式理解上述实验结果？

3）为什么R1中使用的是10.0.0.0，而它给R2发送的却是精确的网络信息？

12. 课后练习

1）案例拓扑图如图4-2所示。

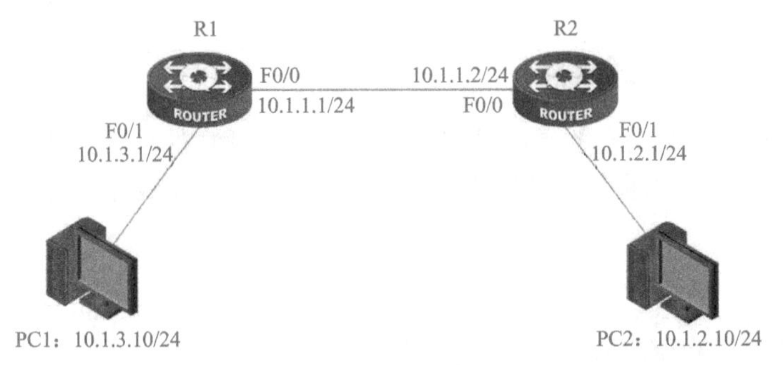

图4-2　案例拓扑图

2）案例要求：将图4-2中所标的10网段的IP地址改为172.16.0.0/24网段，重复上述实验过程。

案例5　RIPv2的认证配置

1. 知识点回顾

RIP在使用过程中，需要保证协议的安全性。RIPv1（版本1）没有认证的功能，RIPv2（版本2）可以支持认证，并且有明文和MD5两种认证。

2. 案例目的

- 理解RIPv2的认证功能。
- 进一步理解RIP的更新过程。

3. 应用环境

路由协议的安全包括安全的更新过程，以确保路由信息的准确。在RIP中，版本1无法进行认证，而版本2却可以提供更新路由器的认证，这样可以在某种程度上保证更新过程的准确可靠。

4. 设备需求

- 路由器两台。
- 计算机两台。
- 网线若干。

扫码看视频

5. 案例拓扑

RIPv2认证配置案例拓扑图如图5-1所示。

图5-1　RIPv2认证配置案例拓扑图

6. 案例需求

1）按照图5-1所示的拓扑图配置基础网络环境，给路由器配置接口IP地址，给计算机配置IP地址。

2）配置RIP，全部网段使用network命令。

3）配置RIP版本2，启用认证。注意，配置R1的认证密钥与R2稍有不同，或其中之一不配置。查看两台路由器的路由表。

4）将认证密钥更新为一致，再次查看路由表。

7. 实现步骤

1）配置基础网络环境，过程如下。

```
------------------------------R1------------------------------
Router_config#hostname R1
R1_config#interface fastEthernet 0/0
R1_config_f0/0#ip address 192.168.1.1 255.255.255.0
R1_config_f0/0#exit
R1_config#interface fastEthernet 0/1
R1_config_f0/1#ip address 192.168.2.1 255.255.255.0
R1_config_f0/1#exit
R1_config#router rip
R1_config_rip#network 192.168.1.0 255.255.255.0
R1_config_rip#network 192.168.2.0255.255.255.0
R1_config_rip#version 2
R1_config_rip#exit
R1_config#

------------------------------R2------------------------------
Router_config#hostname R2
R2_config#interface fastEthernet 0/0
R2_config_f0/0#ip add 192.168.2.2 255.255.255.0
R2_config_f0/0#exit
R2_config#interface fastEthernet 0/3
R2_config_f0/3#ip add 192.168.3.1 255.255.255.0
R2_config_f0/3#exit
R2_config#router rip
R2_config_rip#network 192.168.1.0 255.255.255.0
R2_config_rip#network 192.168.3.0 255.255.255.0
R2_config_rip#version 2
R2_config_rip#exit
```

```
R2_config#
```

2）启用认证，R1启动认证，使用MD5加密。

```
R1_config#interface FastEthernet 0/1
R1_config_f0/1#ip rip ?
  authentication          -- Set authentication mode
  message-digest-key      -- Set md5 authentication key and key-id
  passive                 -- Only receive Update on the interface
  password                -- Set simple authentication password
  receive                 -- Set receive version on the interface
  send                    -- Set send version on the interface
  split-horizon           -- Set split horizon on the interface
R1_config_f0/1#ip rip authentication ?
  message-digest          -- MD5 authentication
  simple                  -- Simple authentication
R1_config_f0/1#ip rip authentication message-digest ?
<cr>
```

R1_config_f0/1#ip rip authentication message-digest

以上黑体命令开启了在F0/1端口上的RIP MD5认证。接下来进入MD5密钥的配置过程。

```
R1_config_f0/1#ip rip message-digest-key ?
<0-255>                 -- key-ID
R1_config_f0/1#ip rip message-digest-key dcnu ?
ip rip message-digest-key dcnu ?
                                 ^
```

Parameter invalid

以上的错误来自于“dcnu”这个参数的错误，更正方法是使用数字，如下。

```
R1_config_f0/1#ip rip message-digest-key 1 ?
  md5                     -- Md5
R1_config_f0/1#ip rip message-digest-key 1 md5 ?
  WORD                    -- key(16 char)
```

R1_config_f0/0#ip rip message-digest-key 1 md5 1122334455667788

这个命令即完成了RIP的MD5密钥的配置。

此时没有配置R2的认证，查看路由表的结果如下。

```
R1#sh ip route
Codes: C - connected, S - static, R - RIP, B - BGP, BC - BGP connected
       D - DEIGRP, DEX - external DEIGRP, O - OSPF, OIA - OSPF inter area
       ON1 - OSPF NSSA external type 1, ON2 - OSPF NSSA external type 2
       OE1 - OSPF external type 1, OE2 - OSPF external type 2
```

```
        DHCP - DHCP type

VRF ID: 0

C       192.168.1.0/24          is directly connected, FastEthernet0/0
C       192.168.2.0/24          is directly connected, FastEthernet0/1
R1#

R2#sh ip route
Codes: C - connected, S - static, R - RIP, B - BGP, BC - BGP connected
        D - DEIGRP, DEX - external DEIGRP, O - OSPF, OIA - OSPF inter area
        ON1 - OSPF NSSA external type 1, ON2 - OSPF NSSA external type 2
        OE1 - OSPF external type 1, OE2 - OSPF external type 2
        DHCP - DHCP type

VRF ID: 0

C       192.168.1.0/24          is directly connected, FastEthernet0/0
C       192.168.3.0/24          is directly connected, FastEthernet0/3
R2#
```

开启debug信息查看结果如下。

```
-------------------------------R1-------------------------------
R1#2002-1-1 00:19:50 RIP: ignored V2 packet from 192.168.1.2 (Authentication failed)
2002-1-1 00:19:56 RIP: send to 224.0.0.9 via FastEthernet0/0
2002-1-1 00:19:56          vers 2, CMD_RESPONSE, length 64
2002-1-1 00:19:56          192.168.2.0/24 via 0.0.0.0 metric 1
2002-1-1 00:19:56 RIP: send to 224.0.0.9 via FastEthernet0/1
2002-1-1 00:19:56          vers 2, CMD_RESPONSE, length 24
2002-1-1 00:19:56          192.168.1.0/24 via 0.0.0.0 metric 1
-------------------------------R2-------------------------------
R2#debug ip rip packet
RIP protocol debugging is on
R2#2002-1-1 00:18:11 RIP: send to 224.0.0.9 via FastEthernet0/0
2002-1-1 00:18:11          vers 2, CMD_RESPONSE, length 24
2002-1-1 00:18:11          192.168.3.0/24 via 0.0.0.0 metric 1
2002-1-1 00:18:11 RIP: send to 224.0.0.9 via FastEthernet0/3
2002-1-1 00:18:11          vers 2, CMD_RESPONSE, length 24
2002-1-1 00:18:11          192.168.1.0/24 via 0.0.0.0 metric 1
2002-1-1 00:18:16 RIP: ignored V2 packet from 192.168.1.1 (Authentication failed)
```

上面的信息说明R2没有做认证，因此R1和R2都不处理来自对方的更新数据。

8. 注意事项和排错

将R2配置验证，过程如下。

```
R2_config#interface fastEthernet 0/0
R2_config_f0/0#ip rip authentication message-digest
R2_config_f0/0#ip rip message-digest-key 1 md5 1122334455667788
R2_config_f0/0#
```

此时，再次查看路由表，结果如下。

```
------------------------------R1------------------------------
R1#sh ip route
Codes: C - connected, S - static, R - RIP, B - BGP, BC - BGP connected
        D - DEIGRP, DEX - external DEIGRP, O - OSPF, OIA - OSPF inter area
        ON1 - OSPF NSSA external type 1, ON2 - OSPF NSSA external type 2
        OE1 - OSPF external type 1, OE2 - OSPF external type 2
        DHCP - DHCP type

VRF ID: 0

C       192.168.1.0/24       is directly connected, FastEthernet0/0
C       192.168.2.0/24       is directly connected, FastEthernet0/1
R       192.168.3.0/24       [120,1] via 192.168.1.2(on FastEthernet0/0)
R1#

------------------------------R2------------------------------
R2#sh ip route
Codes: C - connected, S - static, R - RIP, B - BGP, BC - BGP connected
        D - DEIGRP, DEX - external DEIGRP, O - OSPF, OIA - OSPF inter area
        ON1 - OSPF NSSA external type 1, ON2 - OSPF NSSA external type 2
        OE1 - OSPF external type 1, OE2 - OSPF external type 2
        DHCP - DHCP type

VRF ID: 0

C       192.168.1.0/24      is directly connected, FastEthernet0/0
R       192.168.2.0/24      [120,1] via 192.168.1.1(on FastEthernet0/0)
C       192.168.3.0/24      is directly connected, FastEthernet0/3
R2#
```

9. 完整配置文档

```
---------------------------R1--------------------------------
R1#sh ru
Building configuration...

Current configuration:
!
!version 1.3.3G
service timestamps log date
service timestamps debug date
no service password-encryption
!
hostname R1

gbsc group default

interface FastEthernet0/1
 ip address 192.168.2.1 255.255.255.0
 no ip directed-broadcast
 ip rip authentication message-digest
 ip rip message-digest-key 0 md5 1122334455667788
!
interface FastEthernet0/0
 ip address 192.168.1.1 255.255.255.0
 no ip directed-broadcast
!
interface Serial0/2
 no ip address
 no ip directed-broadcast
!
interface Serial0/3
 no ip address
 no ip directed-broadcast
!
interface Async0/0
 no ip address
 no ip directed-broadcast
!
router rip
 version 2
 network 192.168.1.0255.255.255.0
 network 192.168.2.0255.255.255.0
```

```
-------------------------------R2-------------------------------
R2#sh ru
Building configuration...

Current configuration:
!
!version 1.3.3G
service timestamps log date
service timestamps debug date
no service password-encryption
!
hostname R2

gbsc group default
!
interface FastEthernet0/0
 ip address 192.168.2.2 255.255.255.0
 no ip directed-broadcast
 ip rip authentication message-digest
 ip rip message-digest-key 0 md5 1122334455667788
!
interface FastEthernet0/3
 ip address 192.168.3.1 255.255.255.0
 no ip directed-broadcast
!
interface Serial0/1
 no ip address
 no ip directed-broadcast
!
interface Serial0/2
 no ip address
 no ip directed-broadcast
!
interface Async0/0
 no ip address
 no ip directed-broadcast

router rip
 version 2
 network 192.168.1.0 255.255.255.0
 network 192.168.3.0 255.255.255.0
```

10. 案例总结

通过本案例的学习，能够掌握RIPv2认证配置，加深对RIP工作原理的理解，为深入学习路由知识打下坚实基础。

11. 共同思考

为何R1配置认证的RIP后，R2没有配置认证也忽略R1的更新报文？

12. 课后练习

1）案例拓扑图如图5-2所示。

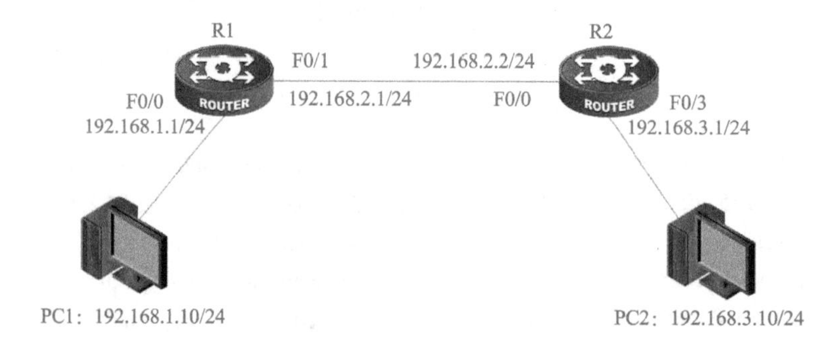

图5-2　案例拓扑图

2）案例要求：请使用简单密码保护方式重新完成实验。

案例6　VLSM

1. 知识点回顾

VLSM（可变长子网掩码）是为了有效地使用无类别域间路由（CIDR）和路由汇聚（route summary）来控制路由表的大小。网络管理员使用先进的IP寻址技术，VLSM就是其中的常用方式，可以对子网进行层次化编址，以便更有效地利用现有的地址空间。

2. 案例目的

- 理解可变长子网掩码的功能和作用。
- 了解在使用路由协议时，怎样规划和配置VLSM。

3. 应用环境

IP地址资源有限，很多情况下都需要充分使用来之不易的IP地址，在不同大小的网络中使用不定长的子网掩码。这对路由协议的使用带来了一定的影响，例如，RIPv1就不可以支持VLSM，它的更新过程不携带子网掩码的信息，因此无法区分不同长度的掩码所定义的不同网络。

4. 设备需求

- 路由器两台。
- 计算机两台。
- 网线若干。

5. 案例拓扑

VLSM配置案例拓扑图如图6-1所示。

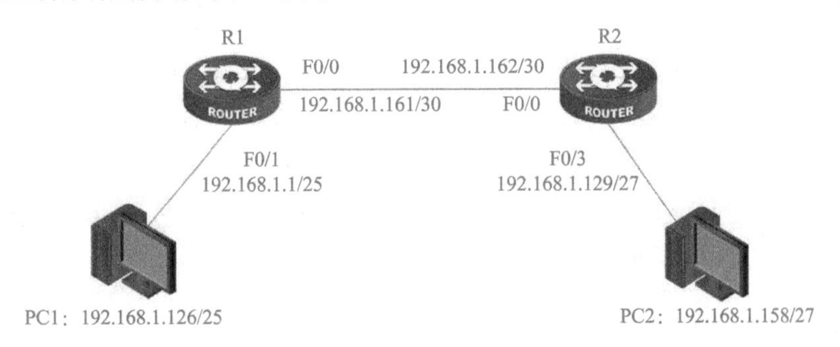

图6-1　VLSM配置案例拓扑图

6. 案例需求

1）配置基础网络环境，按照实验要求配置IP地址等信息。

2）使用RIP完成各路之间的连通，首先使用RIPv1，查看路由表有什么问题。

3）将版本切换为RIPv2，再次查看路由表。

7. 实现步骤

1）配置基础网络环境。

```
------------------------------R1------------------------------
Router#config
Router_config#hostname R1
R1_config#interface fastEthernet 0/0
R1_config_f0/0#ip address 192.168.1.161 255.255.255.252
R1_config_f0/0#exit
R1_config#interface fastEthernet 0/1
R1_config_f0/1#ip address 192.168.1.1 255.255.255.128
R1_config_f0/1#exit
R1_config#

------------------------------R2------------------------------
Router_config#hostname R2
R2_config#interface fastEthernet 0/0
R2_config_f0/0#ip address 192.168.1.162 255.255.255.252
R2_config_f0/0#exit
R2_config#interface fastEthernet 0/3
R2_config_f0/3#ip address 192.168.1.129 255.255.255.224
R2_config_f0/3#exitR2_config#ping 192.168.1.162
PING 192.168.1.162 (192.168.1.162): 56 data bytes
!!!!!
--- 192.168.1.162 ping statistics ---
5 packets transmitted, 5 packets received, 0% packet loss
round-trip min/avg/max = 0/0/0 ms
```

2）配置RIPv1。

```
------------------------------R1------------------------------
R1_config#router rip
R1_config_rip#network 192.168.1.0
R1_config_rip#exit
------------------------------R2------------------------------
R2_config#router rip
R2_config_rip#net
R2_config_rip#network 192.168.1.0
R2_config_rip#exit
```

查看路由表如下。

```
------------------------------R1------------------------------
R1#show ip route
Codes: C - connected, S - static, R - RIP, B - BGP, BC - BGP connected
          D - DEIGRP, DEX - external DEIGRP, O - OSPF, OIA - OSPF inter area
          ON1 - OSPF NSSA external type 1, ON2 - OSPF NSSA external type 2
          OE1 - OSPF external type 1, OE2 - OSPF external type 2
          DHCP - DHCP type

VRF ID: 0

C       192.168.1.0/25        is directly connected, FastEthernet0/1
C       192.168.1.160/30      is directly connected, FastEthernet0/0
R1#

------------------------------R2------------------------------
R2#show ip route
      Codes: C - connected, S - static, R - RIP, B - BGP, BC - BGP connected
                D - DEIGRP, DEX - external DEIGRP, O - OSPF, OIA - OSPF inter area
                ON1 - OSPF NSSA external type 1, ON2 - OSPF NSSA external type 2
                OE1 - OSPF external type 1, OE2 - OSPF external type 2
                DHCP - DHCP type

      VRF ID: 0

      C       192.168.1.128/27      is directly connected, FastEthernet0/3
      C       192.168.1.160/30      is directly connected, FastEthernet0/0
      R2#
```

可以看到，双方没有通过RIP学习到对方的路由，主要是由于版本1不支持VLSM，虽然直连的网络段可以写入路由表，但是来自网络的RIP更新报文就无法识别并处理了，进一步打开debug，发现根本获取不到任何RIP报文。

3）更改版本为版本2。

```
R1_config_rip#version 2
R2_config_rip#version 2
```

此时查看路由表如下。

```
------------------------------R1------------------------------
R1#show ip route
Codes: C - connected, S - static, R - RIP, B - BGP, BC - BGP connected
          D - DEIGRP, DEX - external DEIGRP, O - OSPF, OIA - OSPF inter area
          ON1 - OSPF NSSA external type 1, ON2 - OSPF NSSA external type 2
          OE1 - OSPF external type 1, OE2 - OSPF external type 2
          DHCP - DHCP type

VRF ID: 0
```

```
C        192.168.1.0/25        is directly connected, FastEthernet0/1
R        192.168.1.128/27      [120,1] via 192.168.1.162(on FastEthernet0/0)
C        192.168.1.160/30      is directly connected, FastEthernet0/0
R1#
-------------------------------R2-------------------------------

R2#show ip route
Codes: C - connected, S - static, R - RIP, B - BGP, BC - BGP connected
       D - DEIGRP, DEX - external DEIGRP, O - OSPF, OIA - OSPF inter area
       ON1 - OSPF NSSA external type 1, ON2 - OSPF NSSA external type 2
       OE1 - OSPF external type 1, OE2 - OSPF external type 2
       DHCP - DHCP type

VRF ID: 0

R        192.168.1.0/25        [120,1] via 192.168.1.161(on FastEthernet0/0)
C        192.168.1.128/27      is directly connected, FastEthernet0/3
C        192.168.1.160/30      is directly connected, FastEthernet0/0
R2#
```

此时发现已经可以学习到正确的信息了，打开debug信息看到如下内容。

```
-------------------------------R1-------------------------------
2002-1-1 00:20:40 RIP: send to 224.0.0.9 via FastEthernet0/0
2002-1-1 00:20:40       vers 2, CMD_RESPONSE, length 24
2002-1-1 00:20:40       192.168.1.0/25 via 0.0.0.0 metric 1
2002-1-1 00:20:40 RIP: send to 224.0.0.9 via FastEthernet0/1
2002-1-1 00:20:40       vers 2, CMD_RESPONSE, length 44
2002-1-1 00:20:40       192.168.1.128/27 via 0.0.0.0 metric 2
2002-1-1 00:20:40       192.168.1.160/30 via 0.0.0.0 metric 1
2002-1-1 00:20:57 RIP: recv RIP from 192.168.1.162 on FastEthernet0/0
2002-1-1 00:20:57       vers 2, CMD_RESPONSE, length 24
2002-1-1 00:20:57       192.168.1.128/27 via 0.0.0.0 metric 1

-------------------------------R2-------------------------------
2002-1-1 00:20:47 RIP: send to 224.0.0.9 via FastEthernet0/0
2002-1-1 00:20:47       vers 2, CMD_RESPONSE, length 24
2002-1-1 00:20:47       192.168.1.128/27 via 0.0.0.0 metric 1
2002-1-1 00:20:47 RIP: send to 224.0.0.9 via FastEthernet0/3
2002-1-1 00:20:47       vers 2, CMD_RESPONSE, length 44
2002-1-1 00:20:47       192.168.1.0/25 via 0.0.0.0 metric 2
2002-1-1 00:20:47       192.168.1.160/30 via 0.0.0.0 metric 1
2002-1-1 00:21:00 RIP: recv RIP from 192.168.1.161 on FastEthernet0/0
2002-1-1 00:21:00       vers 2, CMD_RESPONSE, length 24
2002-1-1 00:21:00       192.168.1.0/25 via 0.0.0.0 metric 1
```

此时发现，版本2对于子网掩码长度可变的网络是可以正常发送信息的。

8. 注意事项和排错

值得注意的是，VLSM是掩码长度的变化，而不是子网的应用。如果配置的IP地址是B类网络的24位掩码的网络段，则进行这个实验，并不能说明版本1和版本2对VLSM支持与否。

9. 完整配置文档

```
-----------------------------R1-----------------------------
R1#show running-config
Building configuration...

Current configuration:
!
!version 1.3.3G
service timestamps log date
service timestamps debug date
no service password-encryption
!
hostname R1
!
gbsc group default
!
interface FastEthernet0/0
 ip address 192.168.1.161 255.255.255.252
 no ip directed-broadcast
!
interface FastEthernet0/1
 ip address 192.168.1.1 255.255.255.128
 no ip directed-broadcast
!
interface Serial0/2
 no ip address
 no ip directed-broadcast
!
interface Serial0/3
 no ip address
 no ip directed-broadcast
!
interface Async0/0
 no ip address
 no ip directed-broadcast

router rip
 version 2
 network 192.168.1.0
```

```
-----------------------------R2-----------------------------
R2#show running-config
Building configuration...

Current configuration:
!
!version 1.3.3G
service timestamps log date
service timestamps debug date
no service password-encryption
!
hostname R2

gbsc group default

interface FastEthernet0/0
 ip address 192.168.1.162 255.255.255.252
 no ip directed-broadcast
!
interface FastEthernet0/3
 ip address 192.168.1.129 255.255.255.224
 no ip directed-broadcast
!
interface Serial0/1
 no ip address
 no ip directed-broadcast
!
interface Serial0/2
 no ip address
 no ip directed-broadcast
!
interface Async0/0
 no ip address
 no ip directed-broadcast

router rip
 version 2
 network 192.168.1.0
```

10. 案例总结

通过对本案例的学习得知，RIPv1是有类路由协议，路由更新中没有子网掩码，自动汇总。RIPv2是无类路由协议，路由更新中包含子网掩码，可以手动汇总，支持VLSM。

11. 共同思考

为什么RIPv2可以支持VLSM，而RIPv1不能支持？请从两种版本的数据报文格式来理解。

12. 课后练习

1）案例拓扑图如图6-2所示。

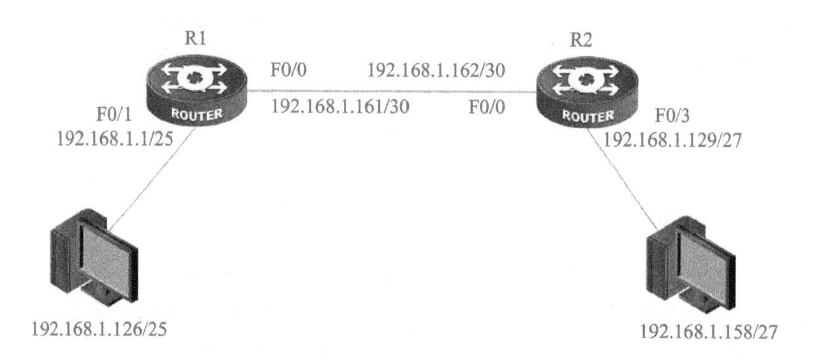

图6-2　案例拓扑图

2）案例要求：使用10.1.0.0重新构造网络环境，重新设置后再做实验。

案例7　RIP被动接口

1. 知识点回顾

路由信息协议（RIP）是内部网关协议（IGP）中最先得到广泛使用的协议。RIP是一种分布式的基于距离矢量的路由选择协议，是互联网的标准协议，其最大的优点就是实现简单、开销较小。在RIP路由协议中，当把一个主类地址宣告在RIP进程中后，会在所有属于这个主类地址的接口上发送RIP消息报文。但有些接口发送的消息报文对于没有运行RIP的设备来说是没有用的，所以就产生了被动接口的概念，不让这些接口往外发送RIP消息报文。

2. 案例目的

- 理解RIP被动接口的意义。
- 掌握RIP 被动端口的配置方法。

3. 应用环境

由于RIP使用广播更新并且常规network命令使整个网络充满RIP报文，但某些终端网络并不需要这样的更新包，因此可以在设备中使用恰当的命令减少网络中不必要的RIP报文，提升整网效率。

4. 设备需求

- 路由器两台。
- 计算机两台。
- 网线若干。

5. 案例拓扑

RIP路由被动接口案例拓扑图如图7-1所示。

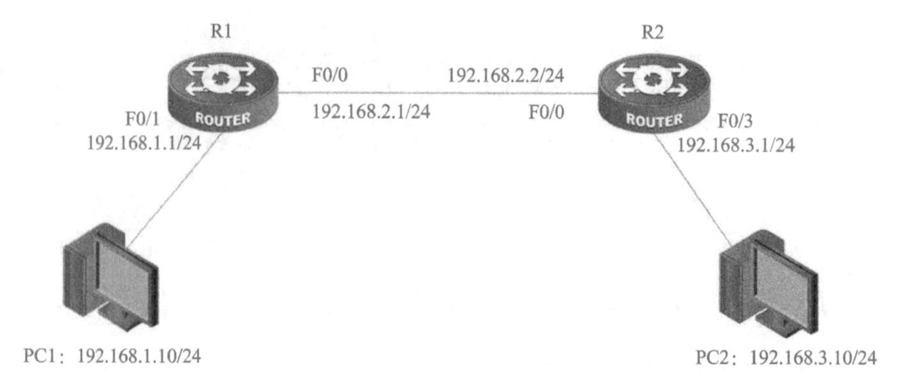

图7-1　RIP路由被动接口案例拓扑图

6. 案例需求

1）按照案例拓扑图配置基础网络环境。
2）配置RIP并使用network命令添加192.168.2.0网络。
3）在PC1或者PC2上开启抓包软件捕获RIP报文。
4）R1和R2使用network命令增加与计算机互联的网络。
5）开启抓包软件捕获RIP报文，查看捕获结果。
6）在两台路由器中使用PASSIVE命令停止RIP在此端口发布更新。
7）再次开启抓包软件捕获RIP报文，查看结果。

7. 实现步骤

1）配置基础网络环境。

```
-------------------------------R1-------------------------------
Router#config
Router_config#hostname R1
R1_config#interface fastEthernet 0/0
R1_config_f0/0#ip address 192.168.2.1 255.255.255.0
R1_config_f0/0#exit
R1_config#interface fastEthernet 0/1
R1_config_f0/1#ip address 192.168.1.1 255.255.255.0
R1_config_f0/1#exit
```

```
R1_config#router rip
R1_config_rip#network 192.168.1.0 255.255.255.0
R1_config_rip#network 192.168.2.0 255.255.255.0
R1_config_rip#ver 2
R1_config_rip#exit
R1_config#

------------------------------R2------------------------------
Router#config
Router_config#hostname R2
R2_config#interface fastEthernet 0/0
R2_config_f0/0#ip address 192.168.2.2 255.255.255.0
R2_config_f0/0#exit
R2_config#interface fastEthernet 0/3
R2_config_f0/3#ip address 192.168.3.1 255.255.255.0
R2_config_f0/3#exit
R2_config#router rip
R2_config_rip#network 192.168.2.0 255.255.255.0
R2_config_rip#network 192.168.3.0 255.255.255.0
R2_config_rip#ver 2
R2_config_rip#exit
R2_config#
```

2）计算机中的抓包。

在PC1中启动抓包过程，定义一个过滤器抓取RIP数据，如图7-2所示。

[192.168.1.1]	[224.0.0.9]	RIP: R Routing entries=1	66	0:00:00.000
[192.168.1.1]	[224.0.0.9]	RIP: R Routing entries=1	66	0:00:30.303
[192.168.1.1]	[224.0.0.9]	RIP: R Routing entries=1	66	0:01:00.606

图7-2　抓取RIP数据

从图7-2可以看出，在PC1中可以得到来自192.168.1.1的RIP报文，这是组播包。因为开启的是版本2的RIP，可以看到R1的路由器也在向没有路由器的F0/1接口发送，这是完全没有必要的，所以用命令消除这个网段的发布。

3）使用passive命令完成特定网段的消声处理。

```
R1_config#interface fastEthernet 0/1
R1_config_f0/1#ip rip ?
  authentication          -- Set authentication mode
  message-digest-key      -- Set md5 authentication key and key-id
  passive                 -- Only receive Update on the interface
  password                -- Set simple authentication password
```

```
  receive                 -- Set receive version on the interface
  send                     -- Set send version on the interface
  split-horizon          -- Set split horizon on the interface
R1_config_f0/1#ip rip passive
R1_config_f0/1#exit
```

此时再次从PC1抓包，获取不到任何报文，查看R2的路由表，一切正常。

```
------------------------------R1------------------------------

R1#show ip route
Codes: C - connected, S - static, R - RIP, B - BGP, BC - BGP connected
         D - DEIGRP, DEX - external DEIGRP, O - OSPF, OIA - OSPF inter area
         ON1 - OSPF NSSA external type 1, ON2 - OSPF NSSA external type 2
         OE1 - OSPF external type 1, OE2 - OSPF external type 2
         DHCP - DHCP type

VRF ID: 0

C        192.168.1.0/24          is directly connected, FastEthernet0/1
C        192.168.2.0/24          is directly connected, FastEthernet0/0
R        192.168.3.0/24          [120,1] via 192.168.2.2(on FastEthernet0/0)
R1#
------------------------------R2------------------------------
R2#show ip route
Codes: C - connected, S - static, R - RIP, B - BGP, BC - BGP connected
         D - DEIGRP, DEX - external DEIGRP, O - OSPF, OIA - OSPF inter area
         ON1 - OSPF NSSA external type 1, ON2 - OSPF NSSA external type 2
         OE1 - OSPF external type 1, OE2 - OSPF external type 2
         DHCP - DHCP type

VRF ID: 0

R        192.168.1.0/24          [120,1] via 192.168.2.1(on FastEthernet0/0)
C        192.168.2.0/24          is directly connected, FastEthernet0/0
C        192.168.3.0/24          is directly connected, FastEthernet0/3
R2#
```

8. 注意事项和排错

本案例使用版本2，也可以使用版本1实现。

9. 完整配置文档

```
------------------------------R1------------------------------
R1#show running-config
Building configuration...

Current configuration:
!
!version 1.3.3G
service timestamps log date
service timestamps debug date
no service password-encryption
!
hostname R1
!
gbsc group default
!
interface FastEthernet0/0
 ip address 192.168.2.1 255.255.255.0
 no ip directed-broadcast
!
interface FastEthernet0/1
 ip address 192.168.1.1 255.255.255.0
 no ip directed-broadcast
 ip rip passive
!
interface Serial0/2
 no ip address
 no ip directed-broadcast
!
interface Serial0/3
 no ip address
 no ip directed-broadcast
!
interface Async0/0
 no ip address
 no ip directed-broadcast
!
router rip
 version 2
 network 192.168.1.0 255.255.255.0
 network 192.168.2.0 255.255.255.0
```

```
------------------------------R2------------------------------
R2#show running-config
Building configuration...

Current configuration:
!
!version 1.3.3G
service timestamps log date
service timestamps debug date
no service password-encryption
!
hostname R2
!
gbsc group default
!
interface FastEthernet0/0
 ip address 192.168.2.2 255.255.255.0
 no ip directed-broadcast
!
interface FastEthernet0/3
 ip address 192.168.3.1 255.255.255.0
 no ip directed-broadcast
!
interface Serial0/1
 no ip address
 no ip directed-broadcast
!
interface Serial0/2
 no ip address
 no ip directed-broadcast
!
interface Async0/0
 no ip address
 no ip directed-broadcast
!
router rip
 version 2
 network 192.168.2.0 255.255.255.0
 network 192.168.3.0 255.255.255.0
```

10. 案例总结

Passive-interface指的是“被动接口”，使用了这个命令后，特定的路由协议的更新就不会从这个接口发送出去了。使用这种方法可以很好地控制路由更新的流向，避免不必要的链路资源浪费。

11. 共同思考

通常应该在什么样的网络段使用Passive？

12. 课后练习

1）案例拓扑图如图7-3所示。

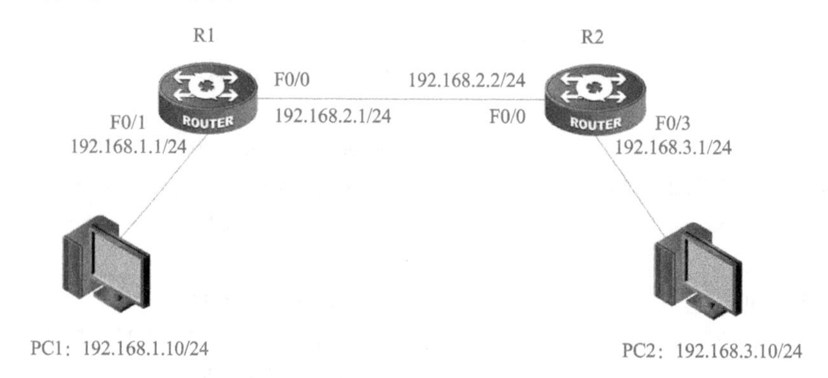

图7-3　案例拓扑图

2）案例要求：将R2的F0/3端口也做成RIP的Passive端口，重复上述实验。

案例8　单区域OSPF基本配置

1. 知识点回顾

OSPF是一种典型的链路状态型动态路由协议。OSPF协议的工作过程包含了邻居发现、路由交换、路由计算、路由维护等阶段。在一些中大型的组网中，为了使非直连网段能够互相通信，通常使用OSPF协议。

2. 案例目的

- 掌握单区域OSPF的配置。
- 理解链路状态路由协议的工作过程。
- 掌握实验环境中环回的配置。

3. 应用环境

OSPF是为了解决RIP不能解决的大型、可扩展的网络需求而出现的链路状态路由协议，OSPF不但具有RIPv2对可变长度掩码支持的优点，同时还具有无自环、收敛快的特点，因此被广泛应用在中大型网络环境中。

4. 设备需求

- 路由器3台。
- CR-V35FC 1根。
- CR-V35MT 1根。

扫码看视频

5. 案例拓扑

单区域OSPF基本配置案例拓扑图如图8-1所示。

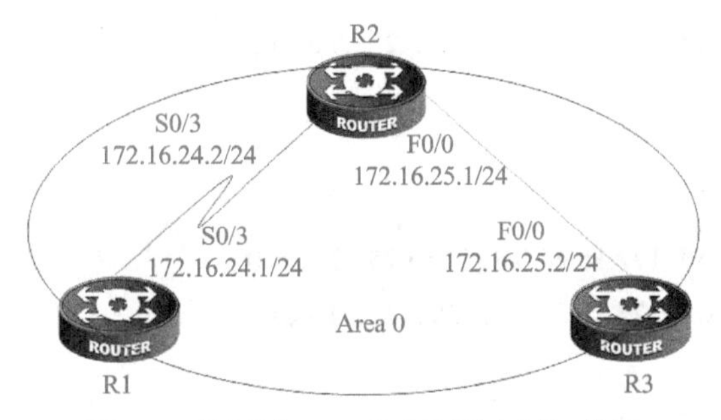

图8-1　单区域OSPF基本配置案例拓扑图

6. 案例需求

1）按照图8-1连接网络，并按照要求配置路由器各接口地址。

2）配置OSPF单区域，实现全网互通。

7. 实现步骤

1）按照图8-1配置路由器名称、接口的IP地址，保证所有接口全部是UP状态，测试连通性。

2）路由器环回接口的配置。

R1:

```
R1_config#interface loopback 0
R1_config_l0#ip address 10.10.10.1 255.255.255.0
```

R2:

```
R2_config#interface loopback 0
R2_config_l0#ip address 10.10.11.1 255.255.255.0
```

R3:

```
R3_config#interface loopback 0
R3_config_l0#ip address 10.10.12.1 255.255.255.0
```

3）验证环回接口配置。

```
R1_config#show interface loopback 0
Loopback0 is up, line protocol is up
Hardware is Loopback
MTU 1514 bytes, BW 8000000 kbit, DLY 500 usec
Interface address is 10.10.10.1/24
Encapsulation LOOPBACK
```

！路由器的Router ID是路由器接口的最高的IP地址，若有环回口存在，则路由器将使用环回口的最高IP地址作为其Router ID，从而保证Router ID的稳定。

4）启动单区域OSPF，并且宣告直连接口的网络。

R1:

```
R1_config#router ospf 1              ！启动OSPF进程，进程号为1，取值范围为1～65 535
R1_config_ospf_1#network 172.16.24.0 255.255.255.0 area 0
！注意要写掩码和区域号。
```

R2:

```
R2_config#router ospf 1
R2_config_ospf_1#network 172.16.24.0 255.255.255.0 area 0
R2_config_ospf_1#network 172.16.25.0 255.255.255.0 area 0
```

R3:

R3_config#router ospf 1

R3_config_ospf_1#network 172.16.25.0 255.255.255.0 area 0

5）查看R1路由表。

R1_config#show ip route

Codes: C - connected, S - static, R - RIP, B - BGP, BC - BGP connected

D - DEIGRP, DEX - external DEIGRP, O - OSPF, OIA - OSPF inter area

ON1 - OSPF NSSA external type 1, ON2 - OSPF NSSA external type 2

OE1 - OSPF external type 1, OE2 - OSPF external type 2

DHCP - DHCP type

VRF ID: 0

C　　10.10.10.0/24　　is directly connected, Loopback0

C　　172.16.24.0/24　　is directly connected, Serial0/3

O　　172.16.25.0/24　　[110,1601] via 172.16.24.2(on Serial0/3)

！R1通过OSPF学到了172.16.25.0/24这个网段的路由。后面的数字[110，1601]分别表示OSPF的管理距离和路由的Metric值。Metric值是由cost值逐跳累加的

6）查看其他OSPF状态参数。

查看OSPF邻居状态。

R1:

R1_config#show ip ospf neighbor

OSPF process: 1

AREA: 0

Neighbor ID	Pri	State	DeadTime	Neighbor Addr	Interface
10.10.11.1	1	FULL/-	32	172.16.24.2	Serial0/3

！注意到这里所配置的loopback地址已经在以Router-ID出现了，在1.3.3G版本中取消了单独配置Router ID的设置，只使用环回接口IP

R2:

R2_config_ospf_1#sh ip ospf neighbor

OSPF process: 1

AREA: 0

Neighbor ID	Pri	State	DeadTime	Neighbor Addr	Interface
10.10.10.1	1	FULL/-	38	172.16.24.1	Serial0/3

10.10.12.11　FULL/BDR　34172.16.25.2FastEthernet0/0

```
--------------------------------------------------------------------------------
! R2和R3选举了DR和BDR，而R1和R2没有选举，在后面的实验里会讲解原因
```

R3:

```
R3_config#sh ip ospf neighbor
--------------------------------------------------------------------------------
OSPF process: 1

AREA: 0
Neighbor ID    Pri   State        DeadTime   Neighbor Addr   Interface
10.10.11.1     1     FULL/DR      34 172.16.26.1    FastEthernet0/0
--------------------------------------------------------------------------------
```

查看OSPF接口状态和类型。

```
R1_config#show ip ospf interface
  Serial0/3 is up, line protocol is up
  Internet Address: 172.16.24.1/24
  Interface index: 3
  Nettype: Point-to-Point
  OSPF process is 1,  AREA: 0, Router ID: 10.10.10.1
  Cost: 1600, Transmit Delay is 1 sec, Priority 1
  Hello interval is 10, Dead timer is 40, Retransmit is 5
  OSPF INTF State is IPOINT_TO_POINT
  Neighbor Count is 1, Adjacent neighbor count is 1
  Adjacent with neighbor 172.16.24.2
```

8. 注意事项和排错

- OSPF的进程号只有本地意义，即在不同路由器上的进程号可以不相同。为了日后维护方便，一般启用相同的进程号。
- 路由器把环回接口作为标志路由器的ID号。
- OSPF是无类路由协议，一定要加掩码。
- 在network直连网段时，必须指明所属的区域。
- 第一个区域必须是区域0。

9. 案例总结

通过对本案例的学习，掌握了OSPF单区域的基本配置，发现了OSPF邻居关系的建立过程，利用OSPF协议实现全网互通。

10. 共同思考

1）OSPF与RIP有哪些区别？
2）如果在A、B、C上宣告各自的环回接口，会有什么影响？
3）环回接口还有什么用处？

11. 课后练习

1）案例拓扑图如图8-2所示。

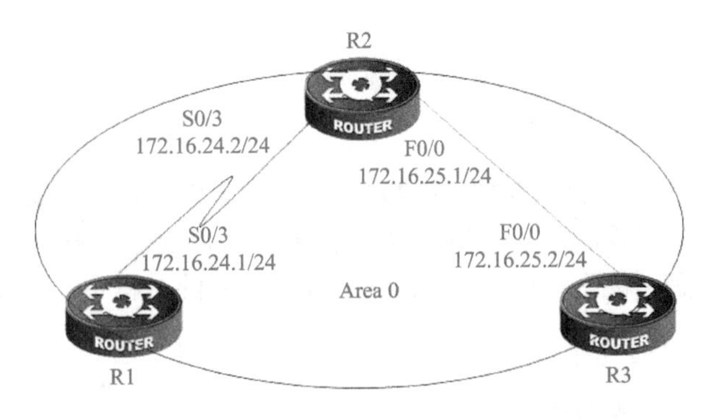

图8-2　案例拓扑图

2）案例要求：按照图8-2所示，配置实验，实现全网互通。

案例9

OSPF在广播环境下的邻居发现过程

1. 知识点回顾

OSPF建立关系的过程完全依靠5种报文和7种状态，邻接关系需要消耗较多的资源来维持，而且邻接路由器之间要两两交互链路状态信息，这也会造成网络资源和路由器处理能力的巨大浪费。在广播环境下邻居发现并且到达邻接关系的过程中，需要选举DR和BDR。

2. 案例目的

- 掌握邻居关系的建立过程。
- 能够分析得到OSPF在广播环境下邻居发现过程。
- 了解各种定时器的默认设置。

3. 应用环境

本案例将针对OSPF在各种网络环境下的配置、状态逐一做实验分析。本案例在实验室环境中模拟纯广播状态下OSPF邻居的发件及选举过程，使用做协议分析的Debug命令，详细的参数和讲解请参阅产品配套手册。

4. 设备需求

- 路由器两台。
- 二层交换机1台。
- 网线若干。
- 计算机1台。

扫码看视频

5. 案例拓扑

OSPF在广播环境下的邻居发现过程案例拓扑图如图9-1所示。

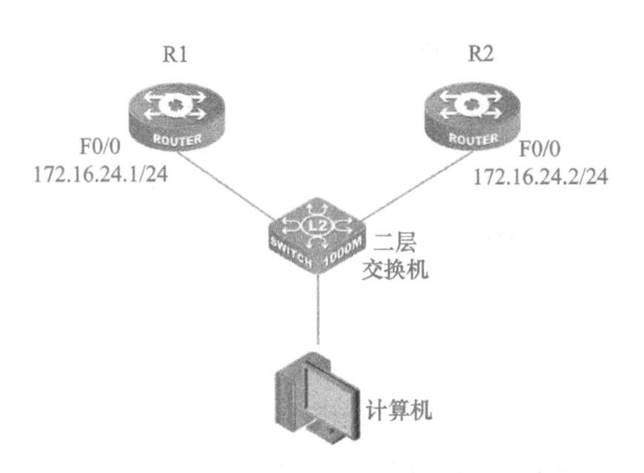

图9-1 OSPF在广播环境下邻居发现过程案例拓扑图

6. 案例需求

1）按照图9-1连接网络，按照要求配置路由器各接口地址。

2）使用抓包软件，查看OSPF在广播环境下邻接关系建立的过程。

7. 实现步骤

1）按照图9-1配置路由器名称、接口的IP地址，保证所有接口全部是UP状态，测试连通性。

2）R1、R2、R3上开启单区域OSPF，并且宣告直连接口的网络。

R1:

```
R1_config#router ospf 1
R1_config_ospf_1#network 172.16.24.0 255.255.255.0 area 0
```

R2:

```
R2_config#router ospf 1
R2_config_ospf_1#network 172.16.24.0 255.255.255.0 area 0
```

3）使用show ip ospf interface命令查看端口类型。

R1:

```
R1_config#show ip ospf interface
FastEthernet0/0 is up, line protocol is up
  Internet Address: 172.16.24.1/24
  Interface index: 4
  Nettype: Broadcast
！接口的网络的类型是广播
  OSPF process is 1, AREA: 0, Router ID: 10.10.10.1
  ！OSPF进程号是1，处在0区域，Router ID就是loopback IP地址
```

Cost: 1, Transmit Delay is 1 sec, **Priority 1**

！优先级默认是1

Hello interval is 10, Dead timer is 40, Retransmit is 5

！默认Hello时间间隔为10s，等待时间和死亡时间为Hello时间间隔的4倍（即40s）。

OSPF INTF State is **IDrOTHER**

！这里表明了该路由器在OSPF中的身份

Designated Router ID: 10.10.11.1, Interface address 172.16.24.2

Backup Designated Router ID: 10.10.10.1, Interface address 172.16.24.1

！这里知道了谁是DR和BDR以及接口的IP地址

Neighbor Count is 1, Adjacent neighbor count is 1

Adjacent with neighbor 10.10.11.1 (Designated Router)

！这里指明了自己的邻居和邻居的身份

R2:

R2_config#show ip ospf interface

FastEthernet0/0 is up, line protocol is up

Internet Address: 172.16.24.2/24

Interface index: 4

Nettype: Broadcast

OSPF process is 1, AREA: 0, Router ID: 10.10.11.1

Cost: 1, Transmit Delay is 1 sec, **Priority 1**

Hello interval is 10, Dead timer is 40,Retransmit is 5

OSPF INTF State is **IBACKUP**

Designated Router ID: 10.10.11.1, Interface address 172.16.24.2

Backup Designated Router ID: 10.10.10.1, Interface address 172.16.24.1

Neighbor Count is 1, Adjacent neighbor count is 1

Adjacent with neighbor 10.10.10.1 (Backup Designated Router)

4）使用show ip ospf neighbor命令查看OSPF邻居表。

R1:

R1_config#show ip ospf neighbor

```
------------------------------------------------------------------------
                    OSPF process: 1
                      AREA: 0
Neighbor ID    Pri   State              DeadTime Neighbor Addr   Interface
10.10.11.11FULL/DR          34           172.16.24.2FastEthernet0/0
------------------------------------------------------------------------
```

R2:

R2_config#show ip ospf neighbor

```
------------------------------------------------------------------------
                    OSPF process: 1
```

```
                    AREA: 0
Neighbor ID    Pri   State               DeadTime Neighbor Addr   Interface
10.10.10.11FULL/BDR39172.16.24.1         FastEthernet0/0
-------------------------------------------------------------------------
```

！通过上面的输出可以知道R2是DR，R1是BDR。这是因为在优先级相同的情况下R2的Router ID最大，R1的次之

5）使用show ip ospf database查看LSA类型。

R1:

```
R1#show ip ospf database
-------------------------------------------------------------------------
OSPF process: 1
(Router ID: 10.10.10.1)

AREA: 0
      Router Link States
Link ID        ADV Router       Age        Seq Num     Checksum Link Count
10.10.10.1     10.10.10.1       33         0x80000005  0x3b0a     1
10.10.11.1     10.10.11.1       36         0x80000005  0x370b     1
      Net Link States
Link ID        ADV Router       Age        Seq Num     Checksum
172.16.24.2    10.10.11.1       34         0x80000002  0x9b42
-------------------------------------------------------------------------
```

R2:

```
R2#show ip ospf database
-------------------------------------------------------------------------
OSPF process: 1
(Router ID: 10.10.11.1)

AREA: 0
      Router Link States
Link ID        ADV Router       Age        Seq Num     Checksum Link Count
10.10.10.1     10.10.10.1       391        0x80000006  0x390b     1
10.10.11.1     10.10.11.1       387        0x80000006  0x350c     1
      Net Link States
Link ID        ADV Router       Age        Seq Num     Checksum
172.16.24.2    10.10.11.1       386        0x80000003  0x9943
-------------------------------------------------------------------------
```

！观察到两台路由器上都只有1类和2类LSA

6）使用Wireshark通过HUB抓OSPF包，按照标准过程验证邻居的建立过程，如图9-2所示。

```
⊞ Frame 2 (78 bytes on wire, 78 bytes captured)
⊞ Ethernet II, Src: Shanghai_7a:4c:20 (00:e0:0f:7a:4c:20), Dst: IPv4mcast_00:00:05 (01:00:5e:00:00:05)
⊞ Internet Protocol, Src: 172.16.23.1 (172.16.23.1), Dst: 224.0.0.5 (224.0.0.5)
⊟ Open Shortest Path First
  ⊞ OSPF Header
  ⊟ OSPF Hello Packet
      Network Mask: 255.255.255.0
      Hello Interval: 10 seconds
    ⊞ Options: 0x02 (E)
      Router Priority: 1
      Router Dead Interval: 40 seconds
      Designated Router: 0.0.0.0
      Backup Designated Router: 0.0.0.0
⊞ Frame 3 (78 bytes on wire, 78 bytes captured)
⊞ Ethernet II, Src: Shanghai_7a:4c:18 (00:e0:0f:7a:4c:18), Dst: IPv4mcast_00:00:05 (01:00:5e:00:00:05)
⊞ Internet Protocol, Src: 172.16.23.2 (172.16.23.2), Dst: 224.0.0.5 (224.0.0.5)
⊟ Open Shortest Path First
  ⊞ OSPF Header
  ⊟ OSPF Hello Packet
      Network Mask: 255.255.255.0
      Hello Interval: 10 seconds
    ⊞ Options: 0x02 (E)
      Router Priority: 1
      Router Dead Interval: 40 seconds
      Designated Router: 0.0.0.0
      Backup Designated Router: 0.0.0.0
```

图9-2　OSPF Hello报文1

OSPF进程启动，R1和R2向224.0.0.5发Hello包，DR和BDR设置为空，如图9-3所示。

```
⊞ Frame 9 (82 bytes on wire, 82 bytes captured)
⊞ Ethernet II, Src: Shanghai_7a:4c:20 (00:e0:0f:7a:4c:20), Dst: IPv4mcast_00:00:05 (01:00:5e:00:00:05)
⊞ Internet Protocol, Src: 172.16.23.1 (172.16.23.1), Dst: 224.0.0.5 (224.0.0.5)
⊟ Open Shortest Path First
  ⊞ OSPF Header
  ⊟ OSPF Hello Packet
      Network Mask: 255.255.255.0
      Hello Interval: 10 seconds
    ⊞ Options: 0x02 (E)
      Router Priority: 1
      Router Dead Interval: 40 seconds
      Designated Router: 0.0.0.0
      Backup Designated Router: 0.0.0.0
      Active Neighbor: 10.10.11.1
⊞ Frame 10 (82 bytes on wire, 82 bytes captured)
⊞ Ethernet II, Src: Shanghai_7a:4c:18 (00:e0:0f:7a:4c:18), Dst: IPv4mcast_00:00:05 (01:00:5e:00:00:05)
⊞ Internet Protocol, Src: 172.16.23.2 (172.16.23.2), Dst: 224.0.0.5 (224.0.0.5)
⊟ Open Shortest Path First
  ⊞ OSPF Header
  ⊟ OSPF Hello Packet
      Network Mask: 255.255.255.0
      Hello Interval: 10 seconds
    ⊞ Options: 0x02 (E)
      Router Priority: 1
      Router Dead Interval: 40 seconds
      Designated Router: 0.0.0.0
      Backup Designated Router: 0.0.0.0
      Active Neighbor: 10.10.10.1
```

图9-3　OSPF Hello报文2

R1和R2检测到邻居，并将对方在邻居表中的状态改为init，如图9-4所示。

```
⊞ Frame 15 (82 bytes on wire, 82 bytes captured)
⊞ Ethernet II, Src: Shanghai_7a:4c:20 (00:e0:0f:7a:4c:20), Dst: IPv4mcast_00:00:05 (01:00:5e:00:00:05)
⊞ Internet Protocol, Src: 172.16.23.1 (172.16.23.1), Dst: 224.0.0.5 (224.0.0.5)
⊟ Open Shortest Path First
  ⊞ OSPF Header
  ⊟ OSPF Hello Packet
      Network Mask: 255.255.255.0
      Hello Interval: 10 seconds
    ⊞ Options: 0x02 (E)
      Router Priority: 1
      Router Dead Interval: 40 seconds
      Designated Router: 172.16.23.2
      Backup Designated Router: 172.16.23.1
      Active Neighbor: 10.10.11.1
⊞ Frame 26 (82 bytes on wire, 82 bytes captured)
⊞ Ethernet II, Src: Shanghai_7a:4c:18 (00:e0:0f:7a:4c:18), Dst: IPv4mcast_00:00:05 (01:00:5e:00:00:05)
⊞ Internet Protocol, Src: 172.16.23.2 (172.16.23.2), Dst: 224.0.0.5 (224.0.0.5)
⊟ Open Shortest Path First
  ⊞ OSPF Header
  ⊟ OSPF Hello Packet
      Network Mask: 255.255.255.0
      Hello Interval: 10 seconds
    ⊞ Options: 0x02 (E)
      Router Priority: 1
      Router Dead Interval: 40 seconds
      Designated Router: 172.16.23.1
      Backup Designated Router: 172.16.23.2
      Active Neighbor: 10.10.10.1
```

图9-4　OSPF选择DR与BDR

当从对方的Hello包中看到自已发送的Hello包时，将对方在邻居表中的状态变为2 Way，并通过比较priority和router-id，选出DR及BDR，如图9-5所示。

```
⊞ Frame 14 (66 bytes on wire, 66 bytes captured)
⊞ Ethernet II, Src: Shanghai_7a:4c:20 (00:e0:0f:7a:4c:20), Dst: Shanghai_7a:4c:18 (00:e0:0f:7a:4c:18)
⊞ Internet Protocol, Src: 172.16.23.1 (172.16.23.1), Dst: 172.16.23.2 (172.16.23.2)
⊟ Open Shortest Path First
  ⊞ OSPF Header
  ⊟ OSPF DB Description
      Interface MTU: 0
    ⊞ Options: 0x02 (E)
    ⊟ DB Description: 0x07 (I, M, MS)
        .... 0... = R: OOBResync bit is NOT set
        .... .1.. = I: Init bit is SET
        .... ..1. = M: More bit is SET
        .... ...1 = MS: Master/Slave bit is SET
      DD Sequence: 175
⊞ Frame 16 (66 bytes on wire, 66 bytes captured)
⊞ Ethernet II, Src: Shanghai_7a:4c:18 (00:e0:0f:7a:4c:18), Dst: Shanghai_7a:4c:20 (00:e0:0f:7a:4c:20)
⊞ Internet Protocol, Src: 172.16.23.2 (172.16.23.2), Dst: 172.16.23.1 (172.16.23.1)
⊟ Open Shortest Path First
  ⊞ OSPF Header
  ⊟ OSPF DB Description
      Interface MTU: 0
    ⊞ Options: 0x02 (E)
    ⊟ DB Description: 0x07 (I, M, MS)
        .... 0... = R: OOBResync bit is NOT set
        .... .1.. = I: Init bit is SET
        .... ..1. = M: More bit is SET
        .... ...1 = MS: Master/Slave bit is SET
      DD Sequence: 176
```

图9-5 OSPF DBD消息报文1

变为2 Way状态后，R1和R2马上通过单播方式给对方发送空DBD包，互相宣称自己是主设备（MS=1），收到空DBD包后，进入ExStart状态，如图9-6所示。

```
⊞ Frame 17 (86 bytes on wire, 86 bytes captured)
⊞ Ethernet II, Src: Shanghai_7a:4c:20 (00:e0:0f:7a:4c:20), Dst: Shanghai_7a:4c:18 (00:e0:0f:7a:4c:18)
⊞ Internet Protocol, Src: 172.16.23.1 (172.16.23.1), Dst: 172.16.23.2 (172.16.23.2)
⊟ Open Shortest Path First
  ⊞ OSPF Header
  ⊟ OSPF DB Description
      Interface MTU: 0
    ⊞ Options: 0x02 (E)
    ⊟ DB Description: 0x00 ()
        .... 0... = R: OOBResync bit is NOT set
        .... .0.. = I: Init bit is NOT set
        .... ..0. = M: More bit is NOT set
        .... ...0 = MS: Master/Slave bit is NOT set
      DD Sequence: 176
  ⊟ LSA Header
      LS Age: 4 seconds
      Do Not Age: False
    ⊞ Options: 0x20 (DC)
      Link-State Advertisement Type: Router-LSA (1)
      Link State ID: 10.10.10.1
      Advertising Router: 10.10.10.1 (10.10.10.1)
      LS Sequence Number: 0x80000002
      LS Checksum: 0xb56b
      Length: 36
```

图9-6 OSPF DBD消息报文2

通过比较RouterID，R2为主设备（只有主设备才能增加序列号），R1为从设备，当从设备收到一个主设备发出的DBD空包后，从设备需要使用相同的序列号的DBD包来确认主设备的DBD包。当主从设备选举出来后，将对方在邻居表中的状态改为Exchange，同时从设备发出的也是第一个带LSA头部的DBD包，包中的序列号等于主设备发给从设备的最后一个空DBD包中的序列号，如图9-7所示。

```
⊞ Frame 18 (86 bytes on wire, 86 bytes captured)
⊞ Ethernet II, Src: Shanghai_7a:4c:18 (00:e0:0f:7a:4c:18), Dst: Shanghai_7a:4c:20 (00:e0:0f:7a:4c:20)
⊞ Internet Protocol, Src: 172.16.23.2 (172.16.23.2), Dst: 172.16.23.1 (172.16.23.1)
⊟ Open Shortest Path First
  ⊞ OSPF Header
  ⊟ OSPF DB Description
      Interface MTU: 0
    ⊞ Options: 0x02 (E)
    ⊟ DB Description: 0x01 (MS)
        .... 0... = R: OOBResync bit is NOT set
        .... .0.. = I: Init bit is NOT set
        .... ..0. = M: More bit is NOT set
        .... ...1 = MS: Master/Slave bit is SET
      DD Sequence: 177
  ⊟ LSA Header
      LS Age: 2 seconds
      Do Not Age: False
    ⊞ Options: 0x20 (DC)
      Link-State Advertisement Type: Router-LSA (1)
      Link State ID: 10.10.11.1
      Advertising Router: 10.10.11.1 (10.10.11.1)
      LS Sequence Number: 0x80000002
      LS Checksum: 0xa37b
      Length: 36
```

图9-7 OSPF DBD消息报文3

主设备R2也单播一个带LSA头部的DBD包给从设备R1并将序列号加1，同时把M位置0，通知R1（我的LSA已发完），如图9-8所示。

```
⊞ Frame 20 (66 bytes on wire, 66 bytes captured)
⊞ Ethernet II, Src: Shanghai_7a:4c:20 (00:e0:0f:7a:4c:20), Dst: Shanghai_7a:4c:18 (00:e0:0f:7a:4c:18)
⊞ Internet Protocol, Src: 172.16.23.1 (172.16.23.1), Dst: 172.16.23.2 (172.16.23.2)
⊟ Open Shortest Path First
  ⊞ OSPF Header
  ⊟ OSPF DB Description
      Interface MTU: 0
    ⊞ Options: 0x02 (E)
    ⊟ DB Description: 0x00 ()
        .... 0... = R: OOBResync bit is NOT set
        .... .0.. = I: Init bit is NOT set
        .... ..0. = M: More bit is NOT set
        .... ...0 = MS: Master/Slave bit is NOT set
      DD Sequence: 177
```

图9-8　OSPF DBD消息报文4

最后，发出一个空DBD包，用于确认RB上的一个DBD包（序列号相同），至此，链路状态数据库交换完毕，如图9-9所示。

```
⊞ Frame 19 (70 bytes on wire, 70 bytes captured)
⊞ Ethernet II, Src: Shanghai_7a:4c:18 (00:e0:0f:7a:4c:18), Dst: Shanghai_7a:4c:20 (00:e0:0f:7a:4c:20)
⊞ Internet Protocol, Src: 172.16.23.2 (172.16.23.2), Dst: 172.16.23.1 (172.16.23.1)
⊟ Open Shortest Path First
  ⊞ OSPF Header
  ⊟ Link State Request
      Link-State Advertisement Type: Router-LSA (1)
      Link State ID: 10.10.10.1
      Advertising Router: 10.10.10.1 (10.10.10.1)
⊞ Frame 21 (70 bytes on wire, 70 bytes captured)
⊞ Ethernet II, Src: Shanghai_7a:4c:20 (00:e0:0f:7a:4c:20), Dst: Shanghai_7a:4c:18 (00:e0:0f:7a:4c:18)
⊞ Internet Protocol, Src: 172.16.23.1 (172.16.23.1), Dst: 172.16.23.2 (172.16.23.2)
⊟ Open Shortest Path First
  ⊞ OSPF Header
  ⊟ Link State Request
      Link-State Advertisement Type: Router-LSA (1)
      Link State ID: 10.10.11.1
      Advertising Router: 10.10.11.1 (10.10.11.1)
```

图9-9　OSPF LSR消息报文

Exchange状态DBD交换完毕后，进入Loading状态，开始互发LSR请求对方更新LSA，如图9-10所示。

```
⊞ Frame 22 (98 bytes on wire, 98 bytes captured)
⊞ Ethernet II, Src: Shanghai_7a:4c:20 (00:e0:0f:7a:4c:20), Dst: Shanghai_7a:4c:18 (00:e0:0f:7a:4c:18)
⊞ Internet Protocol, Src: 172.16.23.1 (172.16.23.1), Dst: 172.16.23.2 (172.16.23.2)
⊟ Open Shortest Path First
  ⊟ OSPF Header
      OSPF Version: 2
      Message Type: LS Update (4)
      Packet Length: 64
      Source OSPF Router: 10.10.10.1 (10.10.10.1)
      Area ID: 0.0.0.0 (Backbone)
      Packet Checksum: 0xa6ed [correct]
      Auth Type: Null
      Auth Data (none)
  ⊟ LS Update Packet
      Number of LSAs: 1
    ⊞ LS Type: Router-LSA
⊞ Frame 23 (98 bytes on wire, 98 bytes captured)
⊞ Ethernet II, Src: Shanghai_7a:4c:18 (00:e0:0f:7a:4c:18), Dst: Shanghai_7a:4c:20 (00:e0:0f:7a:4c:20)
⊞ Internet Protocol, Src: 172.16.23.2 (172.16.23.2), Dst: 172.16.23.1 (172.16.23.1)
⊟ Open Shortest Path First
  ⊟ OSPF Header
      OSPF Version: 2
      Message Type: LS Update (4)
      Packet Length: 64
      Source OSPF Router: 10.10.11.1 (10.10.11.1)
      Area ID: 0.0.0.0 (Backbone)
      Packet Checksum: 0xb5df [correct]
      Auth Type: Null
      Auth Data (none)
  ⊟ LS Update Packet
      Number of LSAs: 1
    ⊞ LS Type: Router-LSA
```

图9-10　OSPF LSU消息报文

双方会多次互发LSU回应对方的报文更新LSA，如图9-11所示。

```
⊞ Frame 27 (98 bytes on wire, 98 bytes captured)
⊞ Ethernet II, Src: Shanghai_7a:4c:20 (00:e0:0f:7a:4c:20), Dst: IPv4mcast_00:00:05 (01:00:5e:00:00:05)
⊞ Internet Protocol, Src: 172.16.23.1 (172.16.23.1), Dst: 224.0.0.5 (224.0.0.5)
⊟ Open Shortest Path First
  ⊟ OSPF Header
      OSPF Version: 2
      Message Type: LS Update (4)
      Packet Length: 64
      Source OSPF Router: 10.10.10.1 (10.10.10.1)
      Area ID: 0.0.0.0 (Backbone)
      Packet Checksum: 0x7a1e [correct]
      Auth Type: Null
      Auth Data (none)
  ⊟   Update Packet
      Number of LSAs: 1
    ⊞ LS Type: Router-LSA
⊞ Frame 32 (94 bytes on wire, 94 bytes captured)
⊞ Ethernet II, Src: Shanghai_7a:4c:18 (00:e0:0f:7a:4c:18), Dst: IPv4mcast_00:00:05 (01:00:5e:00:00:05)
⊞ Internet Protocol, Src: 172.16.23.2 (172.16.23.2), Dst: 224.0.0.5 (224.0.0.5)
⊟ Open Shortest Path First
  ⊟ OSPF Header
      OSPF Version: 2
      Message Type: LS Update (4)
      Packet Length: 60
      Source OSPF Router: 10.10.11.1 (10.10.11.1)
      Area ID: 0.0.0.0 (Backbone)
      Packet Checksum: 0xa4f6 [correct]
      Auth Type: Null
      Auth Data (none)
  ⊟ LS Update Packet
      Number of LSAs: 1
    ⊞ LS Type: Network-LSA
```

图9-11　OSPF一类LSA和二类LSA

因为处在广播状态下，所以还要发送报文（也是多次互发）进行更新，注意比较两种LSU的目的地址和类型，其中二类LSA只有DR才能生成，如图9-12所示。

```
⊞ Frame 28 (78 bytes on wire, 78 bytes captured)
⊞ Ethernet II, Src: Shanghai_7a:4c:18 (00:e0:0f:7a:4c:18), Dst: IPv4mcast_00:00:05 (01:00:5e:00:00:05)
⊞ Internet Protocol, Src: 172.16.23.2 (172.16.23.2), Dst: 224.0.0.5 (224.0.0.5)
⊟ Open Shortest Path First
  ⊞ OSPF Header
  ⊟ LSA Header
      LS Age: 1 seconds
      Do Not Age: False
    ⊞ Options: 0x20 (DC)
      Link-State Advertisement Type: Router-LSA (1)
      Link State ID: 10.10.10.1
      Advertising Router: 10.10.10.1 (10.10.10.1)
      LS Sequence Number: 0x80000003
      LS Checksum: 0x1f2b
      Length: 36
```

```
⊞ Frame 34 (98 bytes on wire, 98 bytes captured)
⊞ Ethernet II, Src: Shanghai_7a:4c:20 (00:e0:0f:7a:4c:20), Dst: IPv4mcast_00:00:05 (01:00:5e:00:00:05)
⊞ Internet Protocol, Src: 172.16.23.1 (172.16.23.1), Dst: 224.0.0.5 (224.0.0.5)
⊟ Open Shortest Path First
  ⊞ OSPF Header
  ⊟ LSA Header
      LS Age: 1 seconds
      Do Not Age: False
    ⊞ Options: 0x20 (DC)
      Link-State Advertisement Type: Router-LSA (1)
      Link State ID: 10.10.11.1
      Advertising Router: 10.10.11.1 (10.10.11.1)
      LS Sequence Number: 0x80000004
      LS Checksum: 0x192d
      Length: 36
  ⊟ LSA Header
      LS Age: 1 seconds
      Do Not Age: False
    ⊞ Options: 0x20 (DC)
      Link-State Advertisement Type: Network-LSA (2)
      Link State ID: 172.16.23.2
      Advertising Router: 10.10.11.1 (10.10.11.1)
      LS Sequence Number: 0x80000001
      LS Checksum: 0xa363
      Length: 32
```

图9-12　发送报文更新LSA

最后通过多次LSR、多次LSU交换以后，RA和RB的LSDB链路状态数据库同步完成，它们都达到Full状态，邻接关系建立完毕。

8. 注意事项和排错

DR设备在选举过程中是根据哪些要素进行选举的？

9. 案例总结

在广播环境下，OSPF的邻居关系是自动建立的，并且需要有DR/BDR的选取。在这里需要注意几个特别计时器的设置，Hello时间间隔为10s，等待时间和死亡时间为Hello时间间隔的4倍（即40s）。

10. 共同思考

1）选举DR和DBR的作用是什么？

2）若DR失效了，OSPF如何避免在重新选举新的DR的过程中网络无法通信？

11. 课后练习

1）案例拓扑图如图9-13所示。

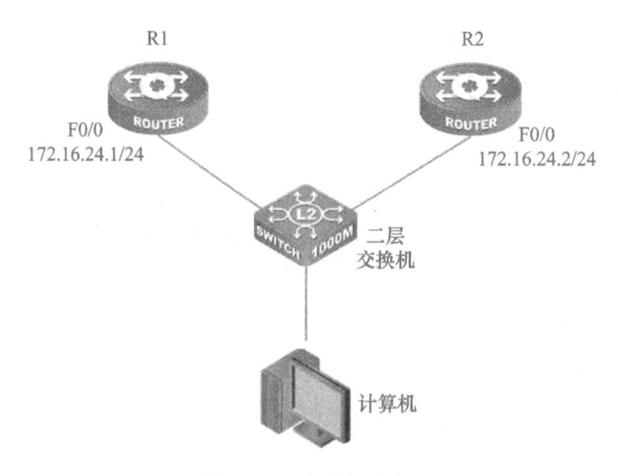

图9-13　案例拓扑图

2）案例要求：如图9-13所示，参照手册，观察OSPF数据库在邻居建立前后的变化情况，修改OSPF接口类型，重复实验，观察效果。

案例10

OSPF在点对点环境下的邻居发现过程

1. 知识点回顾

点对点又称P2P。OSPF运行在点对点环境中具有以下特点：典型代表是PPP链路或帧中继接口类型为“Point to Point”，不选举DR/BDR。

2. 案例目的

- 掌握邻居关系的建立过程。
- 能够分析得到OSPF在点对点环境下的邻居发现过程。
- 了解各种定时器的默认设置。

3. 应用环境

本案例将针对OSPF在各种网络环境下的配置、状态逐一进行实验分析，使学生了解在点对点的网络中，OSPF的邻居关系是如何建立的，是否还会选择指定路由器和备份指定路由器。

4. 设备需求

- 路由器3台。
- CR-V35FC两根。
- CR-V35MT两根。

5. 案例拓扑

OSPF在点对点环境下的邻居发现过程案例拓扑图如图10-1所示。

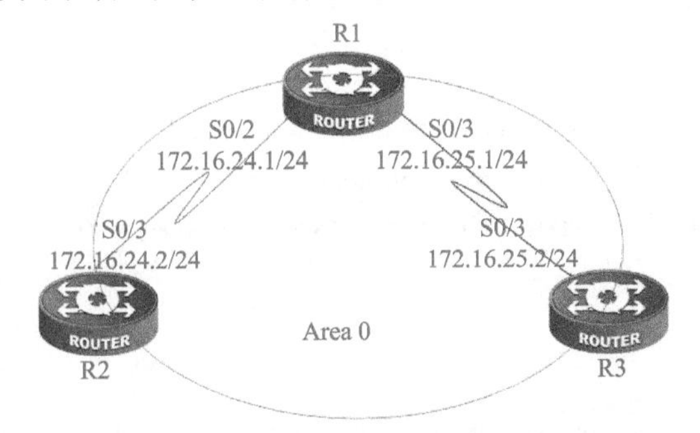

图10-1 OSPF在点对点环境下的邻居发现过程案例拓扑图

6. 案例需求

1）按照图10-1连接网络，并按照所标写的接口地址配置拓扑。

2）3台路由器运行OSPF协议，观察点对点链路邻居的建立过程。

7. 实现步骤

1）按照图10-1配置路由器名称、接口的IP地址，保证所有接口全部是UP状态，测试连通性。

2）在R1、R2、R3上开启单区域OSPF，并且宣告直连接口的网络。

R1:

```
R1_config#router ospf 1
R1_config_ospf_1#network 172.16.24.0 255.255.255.0 area 0
R3_config_ospf_1#network 172.16.25.0 255.255.255.0 area 0
```

R2:

```
R2_config#router ospf 1
R2_config_ospf_1#network 172.16.24.0 255.255.255.0 area 0
```

R3:

```
R3_config#router ospf 1
R3_config_ospf_1#network 172.16.25.0 255.255.255.0 area 0
```

3）查看路由表是否存在OSPF路由。

R2:

```
R2#show ip route
Codes: C - connected, S - static, R - RIP, B - BGP, BC - BGP connected
       D - DEIGRP, DEX - external DEIGRP, O - OSPF, OIA - OSPF inter area
       ON1 - OSPF NSSA external type 1, ON2 - OSPF NSSA external type 2
       OE1 - OSPF external type 1, OE2 - OSPF external type 2
       DHCP - DHCP type

VRF ID: 0

C     10.10.11.0/24     is directly connected, Loopback0
C     172.16.24.0/24    is directly connected, Serial0/3
O     172.16.25.0/24    [110,3200] via 172.16.24.1(on Serial0/3)
```

R3:

```
R3#show ip route
Codes: C - connected, S - static, R - RIP, B - BGP, BC - BGP connected
```

D - DEIGRP, DEX - external DEIGRP, O - OSPF, OIA - OSPF inter area
ON1 - OSPF NSSA external type 1, ON2 - OSPF NSSA external type 2
OE1 - OSPF external type 1, OE2 - OSPF external type 2
DHCP - DHCP type

VRF ID: 0

C　10.10.12.0/24　is directly connected, Loopback0
O　172.16.24.0/24　[110,3200] via 172.16.25.1(on Serial0/3)
C　172.16.25.0/24　is directly connected, Serial0/3
！按照实验拓扑，在R2和R3上都看到了“0”路由，表示这条路由是从OSPF学到的。

4）使用show ip ospf interface命令查看端口类型。

R1:

R1_config#show ip ospf interface
Serial0/2 is up, line protocol is up
　Internet Address: 172.16.24.1/24
　Interface index: 2
　Nettype: Point-to-Point
　！接口的网络的类型是点到点
　OSPF process is 1, AREA: 0, Router ID: 10.10.10.1
　！OSPF进程号是1，处在0区域，Router ID就是loopback IP地址
　Cost: 1600, Transmit Delay is 1 sec, **Priority 1**
　Hello interval is 10, Dead timer is 40, Retransmit is 5
　！默认的优先级、Hello间隔和死亡时间
　OSPFINTFState is IPOINT_TO_POINT
　Neighbor Count is 1, Adjacent neighbor count is 1
　Adjacent with neighbor 172.16.24.2
！这里指明了自己的邻居的数量和邻居的身份，对比广播环境试验，发现这里没有DR/DBR的选举

Serial0/3 is up, line protocol is up
　Internet Address: 172.16.25.1/24
　Interface index: 3
　Nettype: Point-to-Point
　OSPF process is 1, AREA: 0, Router ID: 10.10.10.1
　Cost: 1600, Transmit Delay is 1 sec, **Priority 1**
　Hello interval is 10, Dead timer is 40, Retransmit is 5
　OSPFINTFState is IPOINT_TO_POINT
　Neighbor Count is 1, Adjacent neighbor count is 1
　　Adjacent with neighbor 172.16.25.2
！与Serial0/2相同，只有邻居，没有DR/DBR

R2:

R2_config#show ip ospf interface
Serial0/3 is up, line protocol is up
  Internet Address: 172.16.24.2/24
  Interface index: 3
  Nettype: Point-to-Point
  OSPF process is 1, AREA: 0, Router ID: 10.10.11.1
  Cost: 1600, Transmit Delay is 1 sec, **Priority 1**
  Hello interval is 10, Dead timer is 40, Retransmit is 5
  OSPFINTFState is IPOINT_TO_POINT
  Neighbor Count is 1, Adjacent neighbor count is 1
    Adjacent with neighbor 172.16.24.1

R3:

R3_config#show ip ospf interface
Serial0/3 is up, line protocol is up
  Internet Address: 172.16.25.2/24
  Interface index: 3
  Nettype: Point-to-Point
  OSPF process is 1, AREA: 0, Router ID: 10.10.12.1
  Cost: 1600, Transmit Delay is 1 sec,**Priority 1**
  Hello interval is 10, Dead timer is 40, Retransmit is 5
  OSPFINTFState is IPOINT_TO_POINT
  Neighbor Count is 1, Adjacent neighbor count is 1
    Adjacent with neighbor 172.16.25.1

5）使用show ip ospf neighbor命令查看OSPF邻居表。

R1:

R1_config#show ip ospf neighbor

```
------------------------------------------------------------------------
                    OSPF process: 1
                      AREA: 0
Neighbor ID    PriState        DeadTime  Neighbor Addr   Interface
10.10.11.11FULL/-        34        172.16.24.2FastEthernet0/0
10.10.12.11FULL/-        36        172.16.24.3FastEthernet0/0
------------------------------------------------------------------------
```

R2:

R2_config#show ip ospf neighbor

```
------------------------------------------------------------------------
```

```
                    OSPF process: 1
                    AREA: 0
Neighbor ID    PriStateDeadTime Neighbor Addr   Interface
10.10.10.11FULL/-39172.16.24.1      FastEthernet0/0
10.10.12.11FULL/-34          172.16.24.3FastEthernet0/0
-----------------------------------------------------------------------
```

R3:

```
R3_config#show ip ospf neighbor
-----------------------------------------------------------------------
                    OSPF process: 1
                    AREA: 0
Neighbor ID    PriStateDeadTime Neighbor Addr   Interface
10.10.10.11FULL/-33          172.16.24.1      FastEthernet0/0
10.10.11.11FULL/-36          172.16.24.2      FastEthernet0/0
-----------------------------------------------------------------------
```

！通过上面的输出可以发现在点对点环境下，邻居关系是自动建立的，并且没有选举DR/BDR

6）使用show ip ospf database查看LSA类型。

R1:

```
R1#show ip ospf database
-----------------------------------------------------------------------
OSPF process: 1
(Router ID: 10.10.10.1)

AREA: 0
        Router Link States
Link ID         ADV Router       Age        Seq Num      Checksum  Link Count
10.10.10.1      10.10.10.1       193        0x80000005  0xcf45     4
10.10.11.1      10.10.11.1       186        0x80000003  0x810c     2
10.10.12.1      10.10.12.1       180        0x80000003  0x91f7     2
-----------------------------------------------------------------------
```

R2:

```
R2#show ip ospf database
-----------------------------------------------------------------------
OSPF process: 1
(Router ID: 10.10.11.1)

AREA: 0
        Router Link States
```

Link ID	ADV Router	Age	Seq Num	Checksum	Link Count
10.10.10.1	10.10.10.1	407	0x80000005	0xcf45	4
10.10.11.1	10.10.11.1	397	0x80000003	0x810c	2
10.10.12.1	10.10.12.1	393	0x80000003	0x91f7	2

R3:

R3#show ip ospf database

OSPF process: 1

(Router ID: 10.10.12.1)

AREA: 0

Router Link States

Link ID	ADV Router	Age	Seq Num	Checksum	Link Count
10.10.10.1	10.10.10.1	448	0x80000005	0xcf45	4
10.10.11.1	10.10.11.1	441	0x80000003	0x810c	2
10.10.12.1	10.10.12.1	433	0x80000003	0x91f7	2

！观察到3台路由器上都只有1类LSA，并且3台路由器的LSDB完全一样，说明在同一个区域内的所有OSPF路由器的LSDB仍然需要同步

7）使用debug ip ospf adj查看邻居的建立过程。

R1#

2002-1-1 00:01:52 OSPF: Interface 172.16.24.0 on Serial0/2 going Up

2002-1-1 00:01:52 OSPF: Interface 172.16.25.0 on Serial0/3 going Up

2002-1-1 00:02:03 OSPF: 2 Way Communication to 10.10.11.1 on Serial0/2, state 2 Way

！本状态表示双方互相收到了对端发送的Hello报文，建立了邻居关系，可以看出这里2 Way后没有DR或BDR的选举过程，而是直接进入了NEXSTART

2002-1-1 00:02:03 OSPF: NBR 10.10.11.1 on Serial0/2 Adjacency OK, state NEXSTART.

！R1收到来自R2的DBD

2002-1-1 00:02:03 OSPF: NBR 172.16.24.2 Negotiation Done. We are the SLAVE. seq 117

！这是第一个DBD数据包，R1和R2都不是SLAVE

2002-1-1 00:02:03 OSPF: NBR 10.10.11.1 on Serial0/2 Negotiation Done. We are the SLAVE

！在此状态下，路由器和它的邻居之间通过互相交换空的DBD报文（参考广播环境下的抓包分析）来决定发送时的主/从关系。建立主/从关系主要是为了保证在后续的DBD报文交换中能够有序地发送

2002-1-1 00:02:03 OSPF: Exchange Done with 10.10.11.1 on Serial0/2

！在这里，路由器向它的邻居发送数据库描述。同时在这个状态下，本地路由器也会发送链路状态请求，请求最新的LSA。路由器将本地的LSDB用DD报文来描述，并发给邻居

2002-1-1 00:02:03 OSPF: Loading Done with 10.10.11.1 on Serial0/2, database Synchronized (FULL)

！最后经过Lodging状态，邻居路由器之间将建立完全邻接关系

2002-1-1 00:02:03 OSPF: 2 Way Communication to 10.10.12.1 on Serial0/3, state 2 Way
2002-1-1 00:02:03 OSPF: NBR 10.10.12.1 on Serial0/3 Adjacency OK, state NEXSTART.
2002-1-1 00:02:03 OSPF: NBR 172.16.25.2 Negotiation Done. We are the SLAVE. seq 114
2002-1-1 00:02:03 OSPF: NBR 10.10.12.1 on Serial0/3 Negotiation Done. We are the SLAVE
2002-1-1 00:02:03 OSPF: Exchange Done with 10.10.12.1 on Serial0/3
2002-1-1 00:02:03 OSPF: Loading Done with 10.10.12.1 on Serial0/3, database Synchronized (FULL)

结论：在点对点环境下，OSPF的邻居关系为自动发现，没有DR/BDR的选举。

8. 注意事项和排错

在点到点的网络中，OSPF是不会选举DR和BDR设备的，实验过程一定要注意。

9. 案例总结

当链路层协议是PPP、HDLC时，OSPF默认网络类型是P2P。在该类型的网络中，以组播形式（224.0.0.5）发送协议报文。OSPF协议在点对点链路上不选举DR/BDR。

10. 共同思考

在点对点环境中，OSPF是用什么地址传送数据的？

11. 课后练习

1）案例拓扑图如图10-2所示。

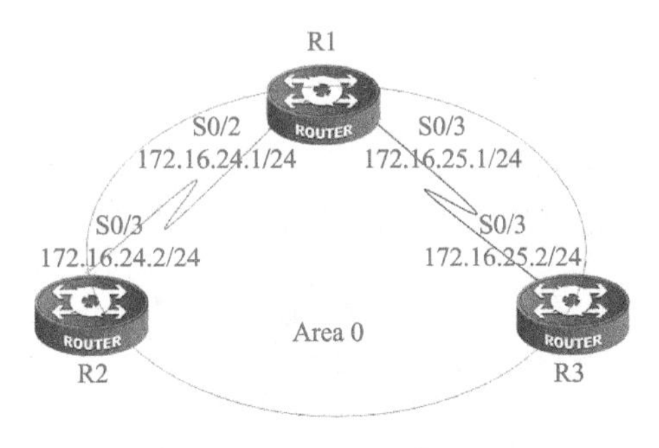

图10-2 案例拓扑图

2）案例要求：修改默认时间设置，重复实验，观察结果。

案例11

OSPF在NBMA环境的各种接口类型

1. 知识点回顾

当链路层协议是帧中继、ATM或X.25时，OSPF默认网络类型是NBMA。在该类型的网络中，以单播形式发送协议报文。对于接口的网络类型为NBMA的网络需要进行一些特殊的配置。由于无法通过组播“招呼”报文的形式发现相邻路由器，因此必须手工为该接口指定相邻路由器的IP地址，以及该相邻路由器是否有DR（指定路由器）选举权等。

2. 案例目的

- 掌握邻居关系的建立过程。
- 掌握OSPF在NBMA环境下的配置，观察OSPF在NBMA下的特征。
- 了解各种定时器的默认设置。

3. 应用环境

本案例重点讨论在NBMA环境下各种接口类型建立邻居关系的区别。由于本案例理论性质较强，因此在实际环境中的应用不多。

4. 设备需求

- 路由器3台。
- CR-V35FC两根。
- CR-V35MT两根。

5. 案例拓扑

OSPF在NBMA环境下的各种接口类型案例拓扑图如图11-1所示。

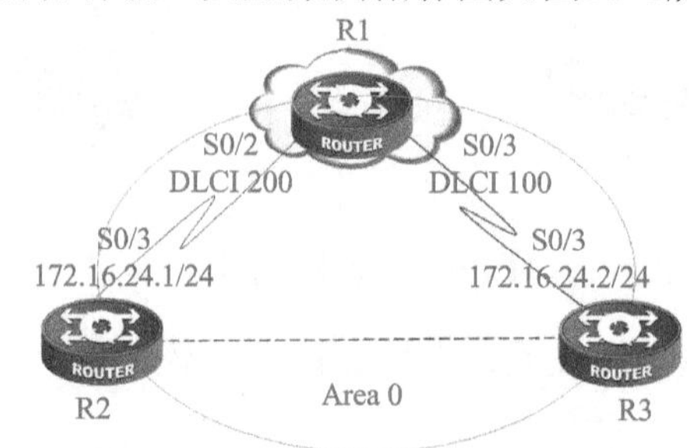

图11-1　OSPF在NBMA环境下的各种接口类型案例拓扑图

6. 案例需求

1）按照图11-1，配置NBMA模型的帧中继网络。

2）在IP地址规划方面，R1/R2/R3上有一环回接口Loopback 0。

3）配置R1/R2/R3所有的接口Network到OSPF的骨干区域。

4）最终实现R1/R2/R3的Loopback 0接口互通。

7. 实现步骤

1）按照图11-1配置路由器的名称、接口的IP地址，保证所有接口全部是UP状态，测试连通性。

2）参考前面的案例配置帧中继交换网络。

3）开启R2、R3上的OSPF，按类型观察结果：Net type——Non_Broadcast（默认）。

① 观察默认状态下邻居表的状况。

R2:

```
R2_config#show ip ospf neighbor
-----------------------------------------------------------------------
                                   OSPF process: 1
                                      AREA: 0
Neighbor ID    Pri   State                  DeadTime Neighbor Addr   Interface
-----------------------------------------------------------------------
```

R3:

```
R3_config#show ip ospf neighbor
-----------------------------------------------------------------------
                                   OSPF process: 1
                                      AREA: 0
Neighbor ID    Pri   State                  DeadTime Neighbor Addr   Interface
-----------------------------------------------------------------------
! 发现没有邻居。说明在这种情况下邻居需要手动配置
```

② 手工指定邻居，然后观察邻居表。

R2:

```
R2_config#router ospf 1
R2_config_ospf_1#neighbor 172.16.24.2
```

R3:

```
R3_config#router ospf 1
R3_config_ospf_1#neighbor 172.16.24.1
```

R2:

```
R2_config#show ip ospf neighbor
------------------------------------------------------------------------
                                    OSPF process: 1
                                      AREA: 0
Neighbor ID    Pri  State              DeadTime  Neighbor Addr   Interface
10.10.12.1      1    FULL/DR              96        172.16.24.2      Serial0/3
------------------------------------------------------------------------
```

R3:

```
R3_config#show ip ospf neighbor
------------------------------------------------------------------------
                                    OSPF process: 1
                                      AREA: 0
Neighbor ID    Pri  State               DeadTime  Neighbor Addr   Interface
10.10.11.1      1    FULL/BDR             112        172.16.24.1      Serial0/3
------------------------------------------------------------------------
```

！发现邻居并且有DR与BDR的选举

③ 查看R2上OSPF接口的类型。

R2:

R2_config#show ip ospf interface

Serial0/3 is up, line protocol is up

Internet Address: 172.16.24.1/24

Interface index: 3

Net type: Non-Broadcast ！处于NBMA默认的接口网络类型

OSPF process is 1, AREA: 0, Router ID: 10.10.11.1

Cost: 1600, Transmit Delay is 1 sec, Priority 1

Hello interval is 30, Dead timer is 120, Retransmit is 5

！注意Hello的时间，与广播和点对点的时间进行对比

OSPF INTF State is IBACKUP

Designated Router ID: 10.10.12.1, Interface address 172.16.24.2

Backup Designated Router ID: 10.10.11.1, Interface address 172.16.24.1

Neighbor Count is 1, Adjacent neighbor count is 1

Adjacent with neighbor 10.10.12.1 (Designated Router)

！手动声明之后选举了DR和DBR

④ 打开Debug查看OSPF邻居事件。

2002-1-1 00:01:03 OSPF: Interface **172.16.24.0**on Serial0/3 going Up

2002-1-1 00:01:25 OSPF: 2 Way Communication to **10.10.12.1** on Serial0/3, state 2 Way

2002-1-1 00:03:03 OSPF: Interface **172.16.24.0** on Serial0/3 Waittmr expired

2002-1-1 00:03:03 OSPF: NBR **10.10.12.1** on Serial0/3 Adjacency OK, state NEXSTART.

2002-1-1 00:03:05 OSPF: NBR **172.16.24**.2Negotiation Done. We are the SLAVE. seq 167

2002-1-1 00:03:05 OSPF: NBR **10.10.12.1**on Serial0/3 Negotiation Done. We are the SLAVE

2002-1-1 00:03:05 OSPF: Exchange Done with **10.10.12.1** on Serial0/3

2002-1-1 00:03:05 OSPF: Loading Done with**10.10.12.1** on Serial0/3, database Synchronized (FULL)

！观察到在默认这种网络类型中，所有OSPF报文的目的地址都为单播地址——邻居接口的IP地址

4）Net type——Broadcast。

① 首先去掉刚才手动配置的邻居关系。

R2:

R2_config#router ospf 1

R2_config_ospf_1#no neighbor 172.16.24.2

R3:

R3_config#router ospf 1

R3_config_ospf_1#no neighbor 172.16.24.1

② 将R2和R3接口的网络类型改成Broadcast。

R2:

R2_config_ospf_1#interface s0/3

R2_config_s0/3#ip ospf network broadcast

R3:

R3_config_ospf_1#interface s0/3

R3_config_s0/3#ip ospf network broadcast

③ 查看R2上OSPF接口的类型。

R2:

R2_config#show ip ospf interface

Serial0/3 is up, line protocol is up

Internet Address: 172.16.24.1/24

Interface index: 3

Net type: Broadcast ！接口的网络的类型是广播

OSPF process is 1, AREA: 0, Router ID: 10.10.11.1

Cost: 1600, Transmit Delay is 1 sec, Priority 1

Hello interval is 10, Dead timer is 40, Retransmit is 5

！默认的优先级、Hello间隔和死亡时间都与广播环境实验相同

OSPF INTF State is IBACKUP

Designated Router ID: 10.10.12.1, Interface address 172.16.24.2

Backup Designated Router ID: 10.10.11.1, Interface address 172.16.24.1

！不需要手动配置邻居关系，自动选举了DR和DBR

Neighbor Count is 1, Adjacent neighbor count is 1

Adjacent with neighbor 10.10.12.1 (Designated Router)

④ 打开Debug查看OSPF邻居事件。

2002-1-1 00:39:30 OSPF: Interface 172.16.24.0 on Serial0/3 going down

2002-1-1 00:39:30 OSPF: Interface 172.16.24.0 on Serial0/3 going Up

2002-1-1 00:39:45 OSPF: 2 Way Communication to 10.10.12.1 on Serial0/3, state 2 Way

2002-1-1 00:40:10 OSPF: Interface 172.16.24.0 on Serial0/3 Waittmr expired

2002-1-1 00:40:10 OSPF: NBR 10.10.12.1 on Serial0/3 Adjacency OK, state NEXSTART.

2002-1-1 00:40:20 OSPF: NBR 172.16.24.2 Negotiation Done. We are the SLAVE. seq 2413

2002-1-1 00:40:20 OSPF: NBR 10.10.12.1 on Serial0/3 Negotiation Done. We are the SLAVE

2002-1-1 00:40:20 OSPF: Exchange Done with 10.10.12.1 on Serial0/3

2002-1-1 00:40:20 OSPF: Loading Done with 10.10.12.1 on Serial0/3, database Synchronized (FULL)

！LSDB 链路状态数据库同步完成，它们都达到Full状态，邻接关系建立完毕，这说明了在这种网络类型下是不需要手动配置邻居关系的

2002-1-1 00:40:25 OSPF: Interface 172.16.24.0 on Serial0/3 Nbr changed

2002-1-1 00:40:35 OSPF: Interface 172.16.24.0 on Serial0/3 Nbr changed

5）Net type——Point-to-Point。

① 将R2、R3接口的网络类型改成Point-to-Point。

R2:

R2_config_ospf_1#interface s0/3

R2_config_s0/3#ip ospf net point-to-point

R3:

R3_config_ospf_1#interface s0/3

R3_config_s0/3#ip ospf net point-to-point

② 查看R2上OSPF接口的类型。

R2:

R2_config#show ip ospf interface

Serial0/3 is up, line protocol is up

Internet Address: 172.16.24.1/24

Interface index: 3

Net type: Point-to-Point　！接口的网络的类型是点到点

OSPF process is 1, AREA: 0, Router ID: 10.10.11.1

Cost: 1600, Transmit Delay is 1 sec, Priority 1

Hello interval is 10, Dead timer is 40, Retransmit is 5

！默认的优先级、Hello间隔和死亡时间都与点到点环境实验相同

OSPF INTF State is IPOINT_TO_POINT

Neighbor Count is 1, Adjacent neighbor count is 1

！发现邻居，但是并没有DR与BDR的选举

Adjacent with neighbor 172.16.24.2

③ 观察点对点状态下邻居表的状况。

R2:

R2_config#show ip ospf neighbor

OSPF process: 1

```
                              AREA: 0
Neighbor ID     Pri   State          DeadTime  Neighbor Addr   Interface
10.10.12.1        1     FULL/-              96         172.16.24.2       Serial0/3
------------------------------------------------------------------------
```

R3:

```
R3_config#show ip ospf neighbor
------------------------------------------------------------------------
                           OSPF process: 1
                              AREA: 0
Neighbor ID     Pri   State          DeadTime  Neighbor Addr   Interface
10.10.11.1        1     FULL/-             112         172.16.24.1       Serial0/3
------------------------------------------------------------------------
```

！验证了发现邻居，但是并没有DR与BDR的选举

④ 打开Debug查看OSPF邻居事件。

2002-1-1 19:40:59 OSPF NBR: 10.10.12.1 address 172.16.24.2 on Serial0/3 is dead, state DOWN

2002-1-1 19:40:59 OSPF: Interface 172.16.24.0 on Serial0/3 going Up

2002-1-1 19:41:06 OSPF: 2 Way Communication to 10.10.12.1 on Serial0/3, state 2 Way

2002-1-1 19:41:06 OSPF: NBR 10.10.12.1 on Serial0/3 Adjacency OK, state NEXSTART.

！只有2 Way，没有后续的DR/DBR选举过程

2002-1-1 19:41:06 OSPF: NBR 172.16.24.2 Negotiation Done. We are the SLAVE. seq 70858

2002-1-1 19:41:06 OSPF: NBR 10.10.12.1 on Serial0/3 Negotiation Done. We are the SLAVE

2002-1-1 19:41:06 OSPF: Exchange Done with 10.10.12.1 on Serial0/3

2002-1-1 19:41:06 OSPF: Loading Done with 10.10.12.1 on Serial0/3, database Synchronized (FULL)

！说明这种网络类型不需要手动指定邻居

6）Net type——Point-to-Multipoint。

① 将R2、R3接口的网络类型改成Point-to-Multipoint。

R2:

R2_config_ospf_1#interface s0/3

R2_config_s0/3#ip ospf net point-to-point

R3:

R3_config_ospf_1#interface s0/3

R3_config_s0/3#ip ospf net point-to-point

② 查看R2上OSPF接口的类型。

R2:

R2_config#show ip ospf interface

Serial0/3 is up, line protocol is up

  Internet Address: 172.16.24.1/24

  Interface index: 3

  Nettype: Point-to-MultiPoint with Broadcast

```
 ！接口的网络的类型是点到点
 OSPF process is 1,  AREA: 0, Router ID: 10.10.11.1
 Cost: 1600, Transmit Delay is 1 sec, Priority 1
Hello interval is 30, Dead timer is 120, Retransmit is 5
 ！注意Hello时间的变化
 OSPF INTF State is IPOINT_TO_MPOINT
 Neighbor Count is 1, Adjacent neighbor count is 1
   Adjacent with neighbor 10.10.12.1
！发现邻居，但是并没有DR与BDR的选举
```

③ 观察点对点状态下邻居表的状况。

R2:

```
R2_config#show ip ospf neighbor
---------------------------------------------------------------------
                    OSPF process: 1
                     AREA: 0
Neighbor ID   Pri   State        DeadTime  Neighbor Addr  Interface
10.10.12.1     1    FULL/-          96        172.16.24.2     Serial0/3
---------------------------------------------------------------------
```

R3:

```
R3_config#show ip ospf neighbor
---------------------------------------------------------------------
                    OSPF process: 1
                     AREA: 0
Neighbor ID   Pri   State        DeadTime  Neighbor Addr  Interface
10.10.11.1     1    FULL/-          112       172.16.24.1     Serial0/3
---------------------------------------------------------------------
！验证了发现邻居，但是并没有DR与BDR的选举
```

④ 打开Debug查看OSPF邻居事件。

```
2002-1-1 21:20:42 OSPF: Interface 172.16.24.0 on Serial0/3 going down
2002-1-1 21:20:42 OSPF NBR: 10.10.12.1 address  172.16.24.2 on Serial0/3 is dead, state DOWN
2002-1-1 21:20:42 OSPF: Interface 172.16.24.0 on Serial0/3 going Up
2002-1-1 21:21:07 OSPF: 2 Way Communication to 10.10.12.1 on Serial0/3, state 2 Way
2002-1-1 21:21:07 OSPF: NBR 10.10.12.1 on Serial0/3 Adjacency OK, state NEXSTART.
！只有2 Way，没有后续的DR/DBR选举过程
2002-1-1 21:21:07 OSPF: NBR 172.16.24.2 Negotiation Done. We are the SLAVE. seq 76859
2002-1-1 21:21:07 OSPF: NBR 10.10.12.1 on Serial0/3 Negotiation Done. We are the SLAVE
2002-1-1 21:21:07 OSPF: Exchange Done with 10.10.12.1 on Serial0/3
2002-1-1 21:21:07 OSPF: Loading Done with 10.10.12.1 on Serial0/3, database Synchronized (FULL)
！说明这种网络类型不需要手动指定邻居
```

7）Net type——point-to-multipoint non-broadcast。

① 将R2、R3接口的网络类型改成point-to-multipoint non-broadcast：

R2:

```
R2_config_ospf_1#interface s0/3
R2_config_s0/3#ip ospf network point-to-multipoint non-broadcast
```

R3:

```
R3_config_ospf_1#interface s0/3
R3_config_s0/3#ip ospf network point-to-multipoint non-broadcast
```

② 查看R2上OSPF接口的类型。

R2:

```
R2_config#show ip ospf interface
Serial0/3 is up, line protocol is up
  Internet Address: 172.16.24.1/24
  Interface index: 3
  Nettype: Point-to-MultiPoint with Non-Broadcast
  ! 接口的网络类型是非广播点到多点

  OSPF process is 1,  AREA: 0, Router ID: 10.10.11.1
  Cost: 1600, Transmit Delay is 1 sec, Priority 1
  Hello interval is 30, Dead timer is 120, Retransmit is 5
  ! 注意Hello时间的变化
  OSPF INTF State is IPOINT_TO_MPOINT
  Neighbor Count is 0, Adjacent neighbor count is 0
  ! 没有发现邻居
```

③ 手工指定邻居，然后观察邻居表。

R2:

```
R2_config#router ospf 1
R2_config_ospf_1#neighbor 172.16.24.2
```

R3:

```
R3_config#router ospf 1
R3_config_ospf_1#neighbor 172.16.24.1
```

R2:

```
R2_config#show ip ospf neighbor
--------------------------------------------------------------------------------
                    OSPF process: 1
                     AREA: 0
Neighbor ID     Pri   State           DeadTime  Neighbor Addr   Interface
```

```
10.10.12.1        1      FULL/-              99           172.16.24.2       Serial0/3
------------------------------------------------------------------------
```

R3:

```
R3_config#show ip ospf neighbor
------------------------------------------------------------------------
                        OSPF process: 1
                        AREA: 0
Neighbor ID    Pri   State          DeadTime  Neighbor Addr    Interface
10.10.11.1      1     FULL/-              112           172.16.24.1       Serial0/3
------------------------------------------------------------------------
```

！手工指定后发现邻居，但仍然有DR与BDR的选举

④ 打开Debug查看OSPF邻居事件。

```
2002-1-1 21:57:57 OSPF: Interface 172.16.24.0 on Serial0/3 going down
2002-1-1 21:57:57 OSPF NBR: 10.10.12.1 address  172.16.24.2 on Serial0/3 is dead, state DOWN
2002-1-1 21:57:57 OSPF: Interface 172.16.24.0 on Serial0/3 going Up
```

2002-1-1 23:41:27 OSPF: 2 Way Communication to 10.10.12.1 on Serial0/3, state 2 Way

！在指定邻居后仍然只有2 Way，没有后续的DR/DBR选举过程

```
2002-1-1 23:41:27 OSPF: NBR 10.10.12.1 on Serial0/3 Adjacency OK, state NEXSTART.
2002-1-1 23:41:27 OSPF: NBR 172.16.24.2 Negotiation Done. We are the SLAVE. seq 85279
2002-1-1 23:41:27 OSPF: NBR 10.10.12.1 on Serial0/3 Negotiation Done. We are the SLAVE
sh 2002-1-1 23:41:27 OSPF: Exchange Done with 10.10.12.1 on Serial0/3
```

2002-1-1 23:41:27 OSPF: Loading Done with 10.10.12.1 on Serial0/3, database Synchronized (FULL)

！说明这种网络类型需要手动指定邻居

8. 注意事项和排错

- 由于版本原因，debug adj和debug event可能与其他型号有较大出入，有兴趣的读者可以尝试在不同型号、不同厂商的路由器重复试验，以加深理解。
- 当链路层协议是帧中继、HDLC、X.25时，OSPF默认网络类型是NBMA（不论该网络是否全连通）。
- 没有一种链路层协议会被默认为点到多点类型，通常在NBMA类型的网络 不是全连通的情况下，将其手工修改为点到多点。

9. 案例总结

通过配置本实验，得知在NBMA网络下5种接口网络类型的具体情况，见表11-1。

表11-1　在NBMA网络下5种接口网络类型的具体情况

接口网络类型	邻居自动发现	有无DR选举	Hello间隔/s
Non_broadcast	否	有	30
Broadcast	是	有	10
Point-to-Point	是	无	10
Point-to-Multipoint	是	无	30
Point-to-Multipointnon-broadcast	否	无	30

10. 共同思考

1）比较NBMA网络与点到多点网络类型之间的区别？

2）尝试用其他版本或厂商路由器重复试验，参考广播环境抓包实验，试着找出不同接口类型下OSPF传输数据所使用的方式（组播/单播）。

11. 课后练习

1）案例拓扑图如图11-2所示。

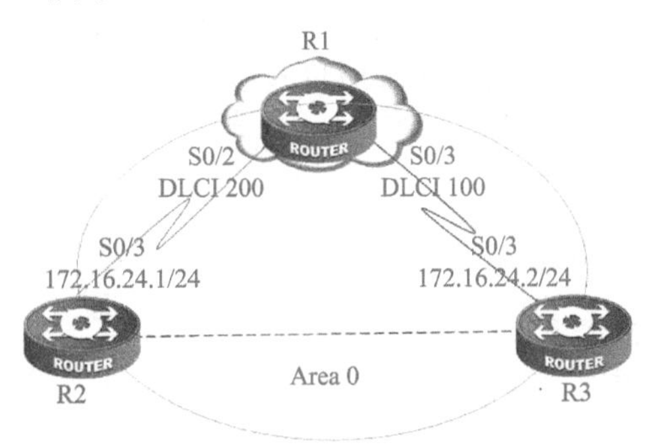

图11-2　案例拓扑图

2）案例要求：如图11-2所示，修改默认时间设置，重复实验，观察结果。

案例12　多区域OSPF基础配置

1. 知识点回顾

常见的OSPF网络有单区域和多区域两种。顾名思义，单区域是指OSPF网络仅存在于一个区域；多区域是指OSPF网络存在多个区域中，这样划分多区域后，可以将接收的链路状态传递流量限制在合理的范围。OSPF多区域将网络分为若干个较小部分，以减少每台路由器存储和维护的信息量。

2. 案例目的

- 掌握多区域OSPF的配置。
- 理解OSPF区域的意义。

3. 应用环境

区域的概念是OSPF优于RIP的重要部分，它可以有效地提高路由的效率、缩减部分路由器的OSPF路由条目、降低路由收敛的复杂度，在区域边界上，实现路由的汇总、过滤、控制，大大提高了网络的稳定性。

4. 设备需求

- 路由器3台。
- CR-V35FC 1根。
- CR-V35MT 1根。

扫码看视频

5. 案例拓扑

多区域OSPF基础配置案例拓扑图如图12-1所示。

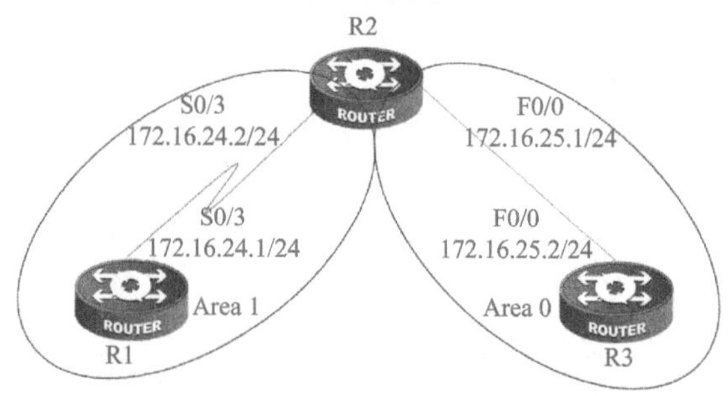

图12-1　多区域OSPF基础配置案例拓扑图

6. 案例需求

1）按照图12-1连接网络。

2）按照要求配置路由器各接口地址。

3）通过划分OSPF多区域，实现多区域之间可以互相通信。

7. 实现步骤

1）按照图12-1配置路由器的名称、接口的IP地址，保证所有接口全部是UP状态，测试连通性。

2）将R1、R2相应接口加入Area 0。

R1:

```
R1_config#router ospf 1
R1_config_ospf_1#network 172.16.24.0 255.255.255.0 area 0
```

R2:

```
R2_config#router ospf 1
R2_config_ospf_1#network 172.16.24.0 255.255.255.0 area 0
```

3）将R2、R3相应接口加入Area 1。

R2:

```
R2_config#router ospf 1
R2_config_ospf_1#network 172.16.25.0 255.255.255.0 area 1
```

R3:

```
R3_config#router ospf 1
R3_config_ospf_1# network 172.16.25.0 255.255.255.0 area 1
```

4）查看R1、R3上的OSPF路由表。

R1:

```
R1#show ip route
Codes: C - connected, S - static, R - RIP, B - BGP, BC - BGP connected
       D - DEIGRP, DEX - external DEIGRP, O - OSPF,OIA - OSPF inter area
       ON1 - OSPF NSSA external type 1, ON2 - OSPF NSSA external type 2
       OE1 - OSPF external type 1, OE2 - OSPF external type 2
       DHCP - DHCP type

VRF ID: 0

C      10.10.10.0/24      is directly connected, Loopback0
C      172.16.24.0/24     is directly connected, Serial0/2
```

```
O IA     172.16.25.0/24          [110,1601] via 172.16.24.2(on Serial0/2)
！提示学习到的是OIA区域间路由，OIA的路由通过第三类LSA来传播（后面的实验详解）

R3:
R3# show ip route
Codes: C - connected, S - static, R - RIP, B - BGP, BC - BGP connected
       D - DEIGRP, DEX - external DEIGRP, O - OSPF, OIA - OSPF inter area
       ON1 - OSPF NSSA external type 1, ON2 - OSPF NSSA external type 2
       OE1 - OSPF external type 1, OE2 - OSPF external type 2
       DHCP - DHCP type

VRF  ID:  0

C        10.10.12.0/24          is  directly  connected,  Loopback0
O IA     172.16.24.0/24         [110,1601] via 172.16.25.1(on FastEthernet0/0)
C        172.16.25.0/24         is  directly  connected,  FastEthernet0/0
！提示学习到的是OIA区域间路由，OIA的路由通过第三类LSA来传播（后面的实验详解）
```

8. 注意事项和排错

- 区域的划分在接口上进行。
- 作为骨干区域的Area 0必须存在。
- 骨干区域必须和非骨干区域直接相连。
- Area 0只有一个是最好的，若有多个，则是骨干区域分裂。

9. 案例总结

通过配置OSPF多区域，知道这样划分多区域后，可以将接收的链路状态传递流量限制在合理的范围内。区域内的路由器只会维护本区域内的邻居关系，并且LSA也只泛洪在本地区域。如果不同区域要进行通信，那么将由骨干区域去传递LSA，实现互通。相比RIP，OSPF更适用于中大型的网络规模。

10. 共同思考

1）为什么必须有Area 0存在？
2）在路由器1和路由器3之间宣告网段时有其他的方法吗？

11. 课后练习

1）案例拓扑图如图12-2所示。

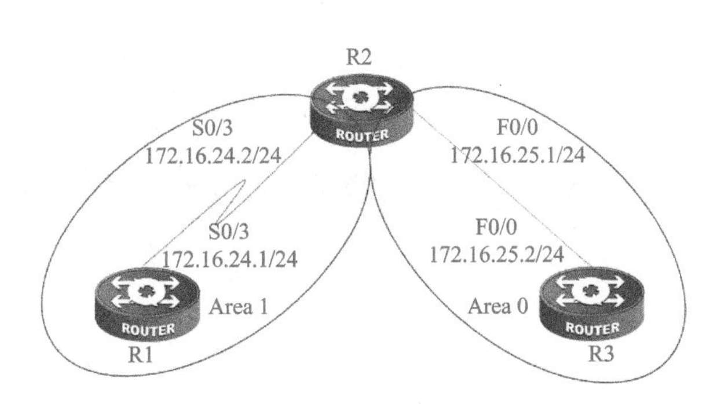

图12-2　案例拓扑图

2）案例要求：按照图12-2配置端口IP地址，实现OSPF多区域的实验。

案例13　OSPF特殊区域的比较

1. 知识点回顾

OSPF支持多区域，该特性使得OSPF能够支持较大的网络规模。为了使该协议应用于更多的设备，引入了特殊区域的概念。

Stub区域的ABR不允许传递第五类LSA（AS External LSA）（就是来自本AS外部的路由信息），在这些区域中路由器的路由表规模以及路由信息传递的数量都会大大减少。没有第五类LSA，第四类LSA也没有必要存在，所以同时不允许注入。

（Totally）Stub区域的ABR不会将区域间的路由信息（第三类和第四类LSA）和外部路由信息（第五类LSA）传递到本区域。

NSSA区域也不允许第五类LSA注入，但可以允许第七类LSA注入。第七类LSA由NSSA区域的ASBR产生，在NSSA区域内传播。当第七类LSA到达NSSA的ABR时，由ABR将第七类LSA转换成第五类LSA，传播到其他区域。

2. 案例目的

- 掌握特殊区域OSPF的配置。
- 理解OSPF特殊区域的意义。

3. 应用环境

在OSPF多区域的概念中，一个OSPF的普通区域会存在多种类型的LSA，并且数量很多，可以通过OSPF特殊区域的配置让某些区域减少LSA数目和路由表的条目。本案例重点从LSA类型的角度来比较不同功能区域的区别。

4. 设备需求

- 路由器3台。
- 网线若干。

5. 案例拓扑

OSPF特殊区域的比较案例拓扑图如图13-1所示。

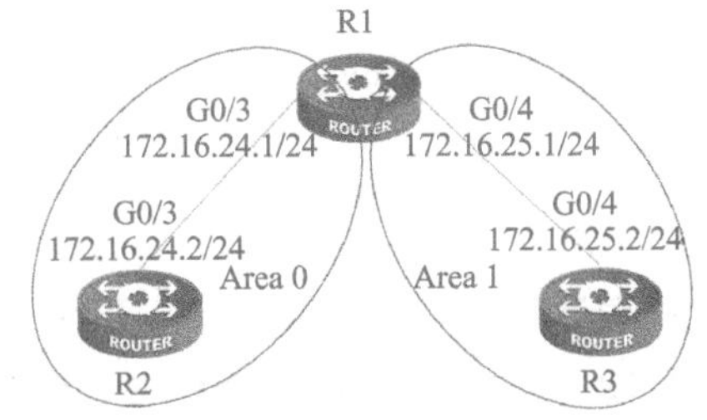

图13-1　OSPF特殊区域的比较案例拓扑图

6. 案例需求

1）按照图13-1连接网络。

2）本案例模拟的是简单的企业网络，在OSPF中存在多个区域。通过配置OSPF实现全网互通。

3）通过修改某些区域为特殊区域，观察在本区域设备上的路由表和链路状态数据库的变化。

7. 实现步骤

1）按照图13-1配置路由器的名称、接口的IP地址，保证所有接口全部是up状态，测试连通性。

2）将R1、R2、R3加入拓扑要求的OSPF区域，按类型观察结果。

基本配置情况如下。

将R1、R2的相应接口加入Area 0。

R1:

```
R1_config#router ospf 1
R1_config_ospf_1#network 172.16.24.0 255.255.255.0 area 0
```

R2:

```
R2_config#router ospf 1
R2_config_ospf_1#network 172.16.24.0 255.255.255.0 area 0
```

将R1、R3的相应接口加入Area 1，并在R2上重发布直连路由。

R1:

```
R1_config#router ospf 1
R1_config_ospf_1#network 172.16.25.0 255.255.255.0 area 1
```

R3:

```
R3_config#router ospf 1
R3_config_ospf_1# network 172.16.25.0 255.255.255.0 area 1
```

在R2上重发布自己的直连路由进入OSPF中，使自己成为一台ASBR，在外部路由存在两种路径：OE1和OE2（重发布的概念在后面的实验将详细讲解，这里只理解实验结果）。

```
R2_config_ospf_1#redistribute connect
```

查看R1、R3上的OSPF路由表。

```
R1_config#show ip route
Codes: C - connected, S - static, R - RIP, B - BGP, BC - BGP connected
       D - BEIGRP, DEX - external BEIGRP, O - OSPF, OIA - OSPF inter area
       ON1 - OSPF NSSA external type 1, ON2 - OSPF NSSA external type 2
       OE1 - OSPF external type 1, OE2 - OSPF external type 2
       DHCP - DHCP type, L1 - IS-IS level-1, L2 - IS-IS level-2

VRF ID: 0

C       10.10.10.1/32       is directly connected, Loopback0
O E2    11.10.10.1/32       [150,20] via 172.16.24.2(on GigaEthernet0/3)
C       172.16.24.0/24      is directly connected, GigaEthernet0/3
C       172.16.25.0/24      is directly connected, GigaEthernet0/4
```

！提示学习到的是一条OE2的外部路由，OE2的路由通过第五类LSA传播

R3:

```
R3_config#show ip route
Codes: C - connected, S - static, R - RIP, B - BGP, BC - BGP connected
       D - BEIGRP, DEX - external BEIGRP, O - OSPF, OIA - OSPF inter area
       ON1 - OSPF NSSA external type 1, ON2 - OSPF NSSA external type 2
       OE1 - OSPF external type 1, OE2 - OSPF external type 2
       DHCP - DHCP type, L1 - IS-IS level-1, L2 - IS-IS level-2

VRF ID: 0

O IA    10.10.10.1/32       [110,2] via 172.16.25.1(on GigaEthernet0/4)
O E2    11.10.10.1/32       [150,20] via 172.16.25.1(on GigaEthernet0/4)
C       12.10.10.1/32       is directly connected, Loopback0
O IA    172.16.24.0/24      [110,2] via 172.16.25.1(on GigaEthernet0/4)
C       172.16.25.0/24      is directly connected, GigaEthernet0/4
```

！提示学习到的是两条OIA区域间路由和一条OE2的外部路由，OE2的路由通过第五类LSA传播，OIA的路由通过第三类LSA来传播

查看R3的OSPF数据库验证。

R3:

```
R3_config#show ip ospf database
------------------------------------------------------------------------
```

```
                    OSPF process: 1
                    (Router ID: 12.10.10.1)

                      AREA: 1
               Router Link States LSA-1
Link ID         ADV Router        Age          Seq Num      Checksum Link Count
10.10.10.1      10.10.10.1        773          0x80000004 0x4203     1
12.10.10.1      12.10.10.1        781          0x80000002 0x251e     1
               Net Link States
Link ID         ADV Router        Age          Seq Num      Checksum
172.16.25.1     10.10.10.1        773          0x80000002 0xa95b
               Summary Net Link States LSA-3
Link ID         ADV Router        Age          Seq Num      Checksum
10.10.10.1      10.10.10.1        52           0x80000001 0x47b8
172.16.24.0     10.10.10.1        762          0x80000002 0x2a1f
               Summary Router Link States LSA-4
Link ID         ADV Router        Age          Seq Num      Checksum
11.10.10.1      10.10.10.1        192          0x80000001 0x0e10
               ASE Link States LSA-5
Link ID         ADV Router        Age          Seq Num      Checksum
11.10.10.1      11.10.10.1        214          0x80000001 0x4937
```

3）Stub Area。观察拓扑，可以发现在Area1中，不管目的是外部的哪个网络，都必须通过ABR R1来进行转发，即区域只有一个ABR，而且与骨干区域相连。因此，Area1可以配置成Stub Area末梢区域。Stub Area可以阻止第五类LSA传播，并且处在区域边界的ABR将会通过第三类LSA发送一个默认路由给Stub Area。

将Area1配置成为Stub Area。

R1:

```
R1_config#router ospf 1
R1_config_ospf_1#area 1 stub
```

R3:

```
R3_config#router ospf 1
R3_config_ospf_1#area 1 stub
! 注意，区域内所有的路由器都要配置
```

查看在R3上的路由表。

R3:

```
R3_config#show ip route
Codes: C - connected, S - static, R - RIP, B - BGP, BC - BGP connected
       D - BEIGRP, DEX - external BEIGRP, O - OSPF, OIA - OSPF inter area
```

```
ON1 - OSPF NSSA external type 1, ON2 - OSPF NSSA external type 2
OE1 - OSPF external type 1,OE2 - OSPF external type 2
DHCP - DHCP type, L1 - IS-IS level-1, L2 - IS-IS level-2

VRF ID: 0

O IA    0.0.0.0/0          [110,101] via 172.16.25.1(on GigaEthernet0/4)
O IA    10.10.10.1/32      [110,2] via 172.16.25.1(on GigaEthernet0/4)
C       12.10.10.1/32      is directly connected, Loopback0
O IA    172.16.24.0/24     [110,2] via 172.16.25.1(on GigaEthernet0/4)
C       172.16.25.0/24     is directly connected, GigaEthernet0/4
```

！原来的OE2路由没有了，用一条默认路由OIA 0.0.0.0/0来取代，OIA的路由通过第三类LSA来传播

查看R3的OSPF数据库验证。

R3:

```
R3_config#show ip ospf database
--------------------------------------------------------------------------
                    OSPF process: 1
                    (Router ID: 12.10.10.1)

                     AREA: 1
               Router Link States LSA-1
Link ID       ADV Router     Age       Seq Num      Checksum  Link Count
10.10.10.1    10.10.10.1     104       0x80000007 0x46fa    1
12.10.10.1    12.10.10.1     94        0x80000006 0x2717    1
               Net Link States LSA-2
Link ID       ADV Router     Age       Seq Num      Checksum
172.16.25.2   12.10.10.1     94        0x80000002 0x857c
               Summary Net Link States LSA-3
Link ID       ADV Router     Age       Seq Num      Checksum
0.0.0.0       10.10.10.1     147       0x80000001 0x9c1f
10.10.10.1    10.10.10.1     430       0x80000001 0x47b8
172.16.24.0   10.10.10.1     1140      0x80000002 0x2a1f
```

！此时已经没有第五类LSA：自治系统外部LSA的存在了

4）Totally Stub Area。进一步观察拓扑，对于本实验的Area1来说，除了通告默认路由的那一条类型3的LSA，其实域间路由OIA也不需要，因此可以进一步将Area1配置成为Totally Stub Area，从而来阻止第三类LSA和第四类LSA在这个区域的传播。

将ABR配置为Totally Stub Area。

R1:

```
R1_config#router ospf 1
R1_config_ospf_1#area 1 stub no-summary
```

R2:

```
R2_config#router ospf 1
R2_config_ospf_1#area 1 stub
```

查看在R3上的路由表。

R3:

```
R3_config#show ip route
Codes: C - connected, S - static, R - RIP, B - BGP, BC - BGP connected
       D - BEIGRP, DEX - external BEIGRP, O - OSPF, OIA - OSPF inter area
       ON1 - OSPF NSSA external type 1, ON2 - OSPF NSSA external type 2
       OE1 - OSPF external type 1, OE2 - OSPF external type 2
       DHCP - DHCP type, L1 - IS-IS level-1, L2 - IS-IS level-2

VRF ID: 0

O IA   0.0.0.0/0          [110,101] via 172.16.25.1(on GigaEthernet0/4)
C      12.10.10.1/32      is directly connected, Loopback0
C      172.16.25.0/24     is directly connected, GigaEthernet0/4
```

！比较上一步，发现OIA路由的其他条目也没有了，只剩一条默认路由OIA 0.0.0.0/0来取代。

查看R3的OSPF数据库验证。

R3:

```
R3_config#show ip ospf database
-------------------------------------------------------------------------
                        OSPF process: 1
                        (Router ID: 12.10.10.1)

                         AREA: 1
                  Router Link States
Link ID        ADV Router     Age       Seq Num      Checksum Link Count
10.10.10.1     10.10.10.1     66        0x8000000a 0x40fd    1
12.10.10.1     12.10.10.1     65        0x80000008 0x2319    1
                  Net Link States
Link ID        ADV Router     Age       Seq Num      Checksum
172.16.25.2    12.10.10.1     321       0x80000002 0x857c
                  Summary Net Link States
Link ID        ADV Router     Age       Seq Num      Checksum
0.0.0.0        10.10.10.1     109       0x80000003 0x9821
```

！比较上一步，现在只有一条网络汇总的第三类LSA。

5）Not-So-Stubby Area（NSSA）。通过上几步的实验，发现OSPF中Stub区域是无法导入外部非OSPF路由的，然而这种应用在实际工作中又很难避免，这就大大局限了OSPF的应用范围，因此引入了NSSA区域来引入区域外部非OSPF路由以弥补这个缺陷。

在配置之前，删除原来的区域配置并重启路由器，来保证实验结果不受前面区域配置的影响。

将Area1配置成NSSA区域。

R1:

```
R1_config#router ospf 1
R1_config_ospf_1#area 1 nssa
R1_config_ospf_1#redistribute  connect
```

R3:

```
R3_config#router ospf 1
R3_config_ospf_1#area 1 nssa
```

查看R3的路由表。

R3:

```
R3#show ip route
Codes: C - connected, S - static, R - RIP, B - BGP, BC - BGP connected
       D - BEIGRP, DEX - external BEIGRP, O - OSPF, OIA - OSPF inter area
       ON1 - OSPF NSSA external type 1, ON2 - OSPF NSSA external type 2
       OE1 - OSPF external type 1, OE2 - OSPF external type 2
       DHCP - DHCP type, L1 - IS-IS level-1, L2 - IS-IS level-2

VRF ID: 0

O N2   10.10.10.1/32      [150,100] via 172.16.25.1(on GigaEthernet0/4)
C      12.10.10.1/32      is directly connected, Loopback0
O IA   172.16.24.0/24     [110,2] via 172.16.25.1(on GigaEthernet0/4)
C      172.16.25.0/24     is directly connected, GigaEthernet0/4
```

！提示学习到的是一条OIA区域间路由和一条OE2的外部路由，OE2的路由通过第五类LSA传播，OIA的路由通过第三类LSA传播。

查看R3的OSPF数据库验证。

R3:

```
R3#show ip ospf database
------------------------------------------------------------------------
                    OSPF process: 1
                    (Router ID: 12.10.10.1)

                    AREA: 1
                Router Link States
Link ID       ADV Router     Age      Seq Num     Checksum Link Count
10.10.10.1    10.10.10.1     94       0x8000000b 0x3a02    1
12.10.10.1    12.10.10.1     101      0x80000007 0x1b23    1
```

```
                  Net Link States
Link ID         ADV Router      Age         Seq Num     Checksum
172.16.25.1     10.10.10.1      94          0x80000003  0xa75c
                  Summary Net Link States
Link ID         ADV Router      Age         Seq Num     Checksum
172.16.24.0     10.10.10.1      199         0x80000003  0x2820
                  Type 7 AS External Link States
Link ID         ADV Router      Age         Seq Num     Checksum
10.10.10.1      10.10.10.1      194         0x80000001  0x848b
```

！注意，这里是LSA-7的传播

更进一步，想直接得到外部的默认路由而不是一条NSSA外部路由，在NSSA区域默认情况下，ABR不会注入默认路由，因此实际上需要进行以下两步操作：①删除NSSA外部路由；②注入默认路由。

```
Router-A:
Router-A_config#router ospf 1
Router-A_config_ospf_1#area 1 nssa no-redistributiondefault-information-originate
```

！两部分分别执行：删除NSSA外部路由和注入默认路由

查看R3的OSPF路由表和数据库验证。

```
R3:
R3#show ip route
Codes: C - connected, S - static, R - RIP, B - BGP, BC - BGP connected
       D - BEIGRP, DEX - external BEIGRP, O - OSPF, OIA - OSPF inter area
       ON1 - OSPF NSSA external type 1, ON2 - OSPF NSSA external type 2
       OE1 - OSPF external type 1, OE2 - OSPF external type 2
       DHCP - DHCP type, L1 - IS-IS level-1, L2 - IS-IS level-2

VRF ID: 0

O N1    0.0.0.0/0          [150,101] via 172.16.25.1(on GigaEthernet0/4)
O N2    10.10.10.1/32      [150,100] via 172.16.25.1(on GigaEthernet0/4)
C       12.10.10.1/32      is directly connected, Loopback0
C       172.16.25.0/24     is directly connected, GigaEthernet0/4

R3#show ip ospf database
--------------------------------------------------------------------
                        OSPF process: 1
                        (Router ID: 12.10.10.1)

                         AREA: 1
                    Router Link States
```

```
Link ID         ADV Router      Age         Seq Num     Checksum  Link Count
10.10.10.1      10.10.10.1      614         0x8000000b  0x3a02     1
12.10.10.1      12.10.10.1      621         0x80000007  0x1b23     1
                        Net Link States
Link ID         ADV Router      Age         Seq Num     Checksum
172.16.25.1     10.10.10.1      614         0x80000003  0xa75c
                        Type 7 AS External Link States
Link ID         ADV Router      Age         Seq Num     Checksum
0.0.0.0         10.10.10.1      470         0x80000001  0x743b
10.10.10.1      10.10.10.1      714         0x80000001  0x848b
! 完成了NSSA路由的删除和默认路由的注入
```

OSPF的特殊区域见表13-1。

表13-1　OSPF的特殊区域

区域类型	LSA-1	LSA-2	LSA-3	LSA-4	LSA-5	LSA-7
普通区域	★	★	★	★	★	
Stub	★	★	★			
Totally Stub	★	★				
NSSA	★	★	★			★

8. 注意事项和排错

- 处在Stub Area内的所有路由器都必须配置成Stub Area。
- 作为骨干区域的Area 0必须存在。
- Area 0只有一个是最好的，若有多个，则是骨干区域分裂。

9. 完整配置文档

```
------------------------------R1------------------------------
R1#show running-config
Building configuration...

Current configuration:
!
!version 1.3.3H
service timestamps log date
service timestamps debug date
no service password-encryption
```

```
------------------------------R2------------------------------
R2#show running-config
Building configuration...

Current configuration:
!
!version 1.3.3H
service timestamps log date
service timestamps debug date
no service password-encryption
```

```
!
hostname R1
!
gbsc group default
!

interface Loopback0
 ip address 10.10.10.1 255.255.255.255
 no ip directed-broadcast
!
interface FastEthernet0/0
 no ip address
 no ip directed-broadcast
!
interface GigaEthernet0/3
 ip address 172.16.24.1 255.255.255.0
 no ip directed-broadcast
!
interface GigaEthernet0/4
 ip address 172.16.25.1 255.255.255.0
 no ip directed-broadcast
!
interface GigaEthernet0/5
 no ip address
 no ip directed-broadcast
!
interface GigaEthernet0/6
 no ip address
 no ip directed-broadcast
!
interface Serial0/1
 no ip address
 no ip directed-broadcast
!
interface Serial0/2
 no ip address
 no ip directed-broadcast
!
interface FastEthernet0/0
 no ip address
```

```
!
hostname R2
!
gbsc group default
!

interface Loopback0
 ip address 11.10.10.1 255.255.255.255
 no ip directed-broadcast
!
interface FastEthernet0/0
 no ip address
 no ip directed-broadcast
!
interface GigaEthernet0/3
 ip address 172.16.24.2 255.255.255.0
 no ip directed-broadcast
!
interface GigaEthernet0/4
no ip address
 no ip directed-broadcast
!
interface GigaEthernet0/5
 no ip address
 no ip directed-broadcast
!
interface GigaEthernet0/6
 no ip address
 no ip directed-broadcast
!
interface Serial0/1
 no ip address
 no ip directed-broadcast
!
interface Serial0/2
 no ip address
 no ip directed-broadcast
!
interface FastEthernet0/0
 no ip address
```

```
 no ip directed-broadcast
!
interface GigaEthernet0/3
 ip address 172.16.24.1 255.255.255.0
 no ip directed-broadcast
!
interface GigaEthernet0/4
 ip address 172.16.25.1 255.255.255.0
 no ip directed-broadcast
!
interface GigaEthernet0/5
 no ip address
 no ip directed-broadcast
!
interface GigaEthernet0/6
 no ip address
 no ip directed-broadcast
!
interface Serial0/1
 no ip address
 no ip directed-broadcast
!
interface Serial0/2
 no ip address
 no ip directed-broadcast
!
interface Async0/0
 no ip address
 no ip directed-broadcast
!
router ospf 1
 router-id 10.10.10.1
 network 172.16.24.0 255.255.255.0 area 0
 network 172.16.25.0 255.255.255.0 area 1
 area 1 nssa default-information-originate no-summary
 redistribute connect
------------------------------R3------------------------------
R3#show running-config
Building configuration...
```

```
 no ip directed-broadcast
!
interface GigaEthernet0/3
 ip address 172.16.24.2 255.255.255.0
 no ip directed-broadcast
!
interface GigaEthernet0/4
no ip address
 no ip directed-broadcast
!
interface GigaEthernet0/5
 no ip address
 no ip directed-broadcast
!
interface GigaEthernet0/6
 no ip address
 no ip directed-broadcast
!
interface Serial0/1
 no ip address
 no ip directed-broadcast
!
interface Serial0/2
 no ip address
 no ip directed-broadcast
!
interface Async0/0
 no ip address
 no ip directed-broadcast
!
router ospf 1
 router-id 11.10.10.1
 network 172.16.24.0 255.255.255.0 area 0
```

```
Current configuration:
!
!version 1.3.3H
service timestamps log date
service timestamps debug date
no service password-encryption
!
hostname R3
!
gbsc group default
!
interface Loopback0
 ip address 12.10.10.1 255.255.255.255
 no ip directed-broadcast
!
interface FastEthernet0/0
 no ip address
 no ip directed-broadcast
!
interface GigaEthernet0/3
 no ip address
 no ip directed-broadcast
!
interface GigaEthernet0/4
 ip address 172.16.25.2 255.255.255.0
 no ip directed-broadcast
!
interface GigaEthernet0/5
 no ip address
 no ip directed-broadcast
!
interface GigaEthernet0/6
 no ip address
 no ip directed-broadcast
!
interface Serial0/1
 no ip address
 no ip directed-broadcast
!
interface Serial0/2
```

```
 no ip address
 no ip directed-broadcast
!
interface Async0/0
 no ip address
 no ip directed-broadcast
!
router ospf 1
 router-id 12.10.10.1
 network 172.16.25.0 255.255.255.0 area 1
 area 1 nssa
```

10. 案例总结

通过对本案例的学习，可以掌握OSPF特殊区域的配置过程，经过对实验结果的分析，可以更加深入地了解OSPF几种特殊区域的基本特性。在以后的项目实施中，能够按照基本需求，对特殊区域进行合理的规划。

11. 共同思考

参考其他厂商的设备重复试验，观察与本实验结果的区别。

12. 课后练习

1）案例拓扑图如图13-2所示。

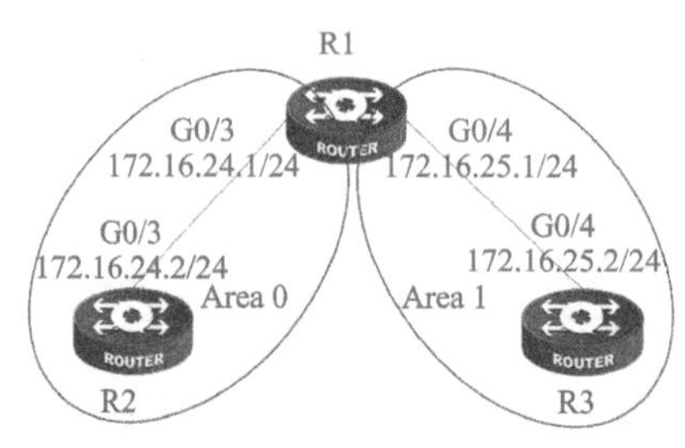

图13-2 案例拓扑图

2）案例要求：通过图13-2配置实验，自行观察实验现象并分析每种特殊区域有什么特性。

案例14　OSPF虚链路的配置

1. 知识点回顾

在OSPF的网络中，如果骨干区域不是连续的，则会导致骨干区域路由无法正常学习。这是因为OSPF协议为了防止路由环路，规定ABR从骨干区域学习到的路由不能再向骨干区域传播。因此，如果出现骨干区域被分割，或者非骨干区域无法和骨干区域保持连通的问题，则可以通过配置OSPF虚链路予以解决。虚链路是指在两台OSPF ABR之间，穿越一个非骨干区域（转换区域——Transit Area）建立的一条逻辑链接，可以理解为两台ABR之间存在一个点对点的连接。

2. 案例目的

- 掌握多区域OSPF虚连接的配置。
- 理解OSPF虚连接的意义。

3. 应用环境

在大规模网络中，通常会划分区域以减少资源消耗，并将拓扑的变化本地化。由于实际环境的限制，不能物理地将其他区域环绕骨干区域，可以采用虚连接的方式逻辑地连接到骨干区域，使骨干区域自身也必须保持连通。

4. 设备需求

- 路由器3台。
- 网线若干。

5. 案例拓扑

OSPF虚链路案例拓扑图如图14-1所示。

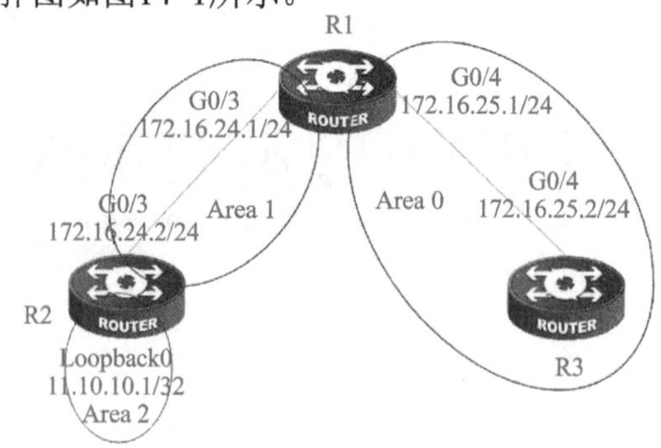

图14-1　OSPF虚链路案例拓扑图

6. 案例需求

1）按照图14-1连接网络。

2）本案例模拟企业网络中非骨干区域与骨干区域不直接相连的情况，需要使用虚链路技术，实现企业网络的全网互通。

7. 实现步骤

1）按照图14-1配置路由器的名称、接口的IP地址，保证所有接口全部是UP状态，测试连通性。

2）将R1、R2的相应接口按照拓扑图加入Area 1、Area 2。

R1:

```
R1_config#router ospf 1
R1_config_ospf_1#network 172.16.24.0 255.255.255.0 area 1
```

R2:

```
R2_config#router ospf 1
R2_config_ospf_1#network 172.16.24.0 255.255.255.0 area 1
R2_config_ospf_1#network 11.10.10.0 255.255.255.0 area 2
```

3）将R1、R3的相应接口按照拓扑图加入Area 0。

R1:

```
R1_config#router ospf 1
R1_config_ospf_1#network 172.16.25.0 255.255.255.0 area 0
```

R3:

```
R3_config#router ospf 1
R3_config_ospf_1# network 172.16.25.0 255.255.255.0 area 0
```

4）查看R3上的路由表。

```
R3_config#show ip route
Codes: C - connected, S - static, R - RIP, B - BGP, BC - BGP connected
       D - BEIGRP, DEX - external BEIGRP, O - OSPF, OIA - OSPF inter area
       ON1 - OSPF NSSA external type 1, ON2 - OSPF NSSA external type 2
       OE1 - OSPF external type 1, OE2 - OSPF external type 2
       DHCP - DHCP type, L1 - IS-IS level-1, L2 - IS-IS level-2

VRF ID: 0

C       12.10.10.1/32       is directly connected, Loopback1
O IA    172.16.24.0/24      [110,2] via 172.16.25.1(on GigaEthernet0/4)
C       172.16.25.0/24      is directly connected, GigaEthernet0/4
```

！只有Area 1传递来的OSPF路由，发现没有R2的Loopback接口路由

5）为R1、R2配置虚连接。

R1:

```
R1_config#router ospf 1
R1_config_ospf_1#area 1 virtual-link 11.10.10.1
```

R2:

```
R2_config#router ospf 1
R2_config_ospf_1#area 1 virtual-link 10.10.10.1
```

！注意虚链接的对象都是 ROUTER-ID

6）在R1上查看虚链路状态。

```
R1_config#show ip ospf virtual-link
Virtual Link Neighbor ID 11.10.10.1 (UP)
  TransArea: 1, Cost is 1
  Hello interval is 10, Dead timer is 40   Retransmit is 5
  INTF Adjacency state is IPOINT_TO_POINT
```

！观察到已经建立起了一条虚链路，虚链路在逻辑上等同于一条物理的按需链路，即只有在两端路由器的配置有变动时才进行更新

7）查看R3上的路由表和OSPF数据库。

```
R3_config#show ip route
Codes: C - connected, S - static, R - RIP, B - BGP, BC - BGP connected
       D - BEIGRP, DEX - external BEIGRP, O - OSPF, OIA - OSPF inter area
       ON1 - OSPF NSSA external type 1, ON2 - OSPF NSSA external type 2
       OE1 - OSPF external type 1, OE2 - OSPF external type 2
       DHCP - DHCP type, L1 - IS-IS level-1, L2 - IS-IS level-2

VRF ID: 0
```

```
O IA    11.10.10.1/32      [110,3] via 172.16.25.1(on GigaEthernet0/4)
C       12.10.10.1/32      is directly connected, Loopback1
O IA    172.16.24.0/24     [110,2] via 172.16.25.1(on GigaEthernet0/4)
C       172.16.25.0/24     is directly connected, GigaEthernet0/4
！已经学到了R2的Loopback接口路由。

R3_config#show ip ospf database
------------------------------------------------------------------------
                    OSPF process: 1
                    (Router ID: 12.10.10.1)

                    AREA: 0
              Router Link States
Link ID       ADV Router      Age      Seq Num     Checksum Link Count
10.10.10.1    10.10.10.1      68       0x80000009  0xdd5a    2
11.10.10.1    11.10.10.1      62       0x80000004  0xe432    1
12.10.10.1    12.10.10.1      247      0x80000002  0x251e    1
172.16.25.2   172.16.25.2     667      0x80000003  0xc70c    1
              Net Link States
Link ID       ADV Router      Age      Seq Num     Checksum
172.16.25.1   10.10.10.1      238      0x80000002  0xa95b
172.16.25.2   172.16.25.2     667      0x80000001  0x682d
              Summary Net Link States
Link ID       ADV Router      Age      Seq Num     Checksum
11.10.10.1    11.10.10.1      83       0x80000001  0xf427
172.16.24.0   11.10.10.1      83       0x80000001  0xe680
172.16.24.0   10.10.10.1      566      0x80000002  0x2a1f
              Summary Router Link States
Link ID       ADV Router      Age      Seq Num     Checksum
11.10.10.1    10.10.10.1      208      0x80000001  0x041b
！R3路由器学习到了关于11.10.10.1的第一类LSA，第二类LSA和第三类LSA。
```

8. 注意事项和排错

- 虚链路必须配置在ABR上，在这个网络中ABR是R1和R2。
- 配置时是对端的ROUTER-ID，不是IP地址。
- 虚链路被看成网络设计失败的一种补救手段，它不仅可以让没有和骨干区域直连的非骨干区域在逻辑上建立一条链路，还可以连接两个分离的骨干区域。但是由于虚链路的配置会造成日后维护和排错的困难，因此在进行网络设计时，不能将虚链路考虑进去。

9. 完整配置文档

```
------------------------------R1------------------------------
R1_config#show running-config
Building configuration...

Current configuration:
!
!version 1.3.3H
service timestamps log date
service timestamps debug date
no service password-encryption
!
hostname R1
!
gbsc group default
!


interface Loopback1
 ip address 10.10.10.1 255.255.255.255
 no ip directed-broadcast
!
interface FastEthernet0/0
 no ip address
 no ip directed-broadcast
!
interface GigaEthernet0/3
 ip address 172.16.24.1 255.255.255.0
 no ip directed-broadcast
!
interface GigaEthernet0/4
 ip address 172.16.25.1 255.255.255.0
 no ip directed-broadcast
!
interface GigaEthernet0/5
 no ip address
 no ip directed-broadcast
!
interface GigaEthernet0/6
```

```
------------------------------R2------------------------------
R2_config#show running-config
Building configuration...

Current configuration:
!
!version 1.3.3H
service timestamps log date
service timestamps debug date
no service password-encryption
!
hostname R2
!
gbsc group default
!


interface Loopback1
 ip address 11.10.10.1 255.255.255.255
 no ip directed-broadcast
!
interface FastEthernet0/0
 no ip address
 no ip directed-broadcast
!
interface GigaEthernet0/3
 ip address 172.16.24.2 255.255.255.0
 no ip directed-broadcast
!
interface GigaEthernet0/4
no ip address
no ip directed-broadcast
!
interface GigaEthernet0/5
 no ip address
 no ip directed-broadcast
!
interface GigaEthernet0/6
```

```
 no ip address
 no ip directed-broadcast
!
interface Serial0/1
 no ip address
 no ip directed-broadcast
!
interface Serial0/2
 no ip address
 no ip directed-broadcast
!
interface Async0/0
 no ip address
 no ip directed-broadcast
!
router ospf 1
 router-id 10.10.10.1
 network 172.16.25.0 255.255.255.0 area 0
 network 172.16.24.0 255.255.255.0 area 1
 area 1 virtual-link 11.10.10.1
```

```
 no ip address
 no ip directed-broadcast
!
interface Serial0/1
 no ip address
 no ip directed-broadcast
!
interface Serial0/2
 no ip address
 no ip directed-broadcast
!
interface Async0/0
 no ip address
 no ip directed-broadcast
!
router ospf 1
 router-id 11.10.10.1
network 172.16.24.0 255.255.255.0 area 1
network 11.10.10.0 255.255.255.0 area 2
 area 1 virtual-link 10.10.10.1
```

```
------------------------------R3------------------------------
R3_config#show running-config
Building configuration...

Current configuration:
!
!version 1.3.3H
service timestamps log date
service timestamps debug date
no service password-encryption
!
hostname R3
!
gbsc group default
!

interface Loopback1
 ip address 12.10.10.1 255.255.255.255
 no ip directed-broadcast
!
```

```
interface FastEthernet0/0
 no ip address
 no ip directed-broadcast
!
interface GigaEthernet0/3
 no ip address
 no ip directed-broadcast
!
interface GigaEthernet0/4
 ip address 172.16.25.2 255.255.255.0
 no ip directed-broadcast
!
interface GigaEthernet0/5
 no ip address
 no ip directed-broadcast
!
interface GigaEthernet0/6
 no ip address
 no ip directed-broadcast
!
interface Serial0/1
 no ip address
 no ip directed-broadcast
!
interface Serial0/2
 no ip address
 no ip directed-broadcast
!
interface Async0/0
 no ip address
 no ip directed-broadcast
!
router ospf 1
 router-id 12.10.10.1
 network 172.16.25.0 255.255.255.0 area 0
```

10. 案例总结

通过对本案例的学习，了解了虚链路的使用拓扑类型，以及虚链路的基本配置要求和配置命令，在项目工程中，一定要根据现网的需求，自行分析和使用虚链路技术。

11. 共同思考

1）虚链路的作用是什么？
2）虚链路可应用于哪些拓扑？

12. 课后练习

1）案例拓扑图如图14-2所示。

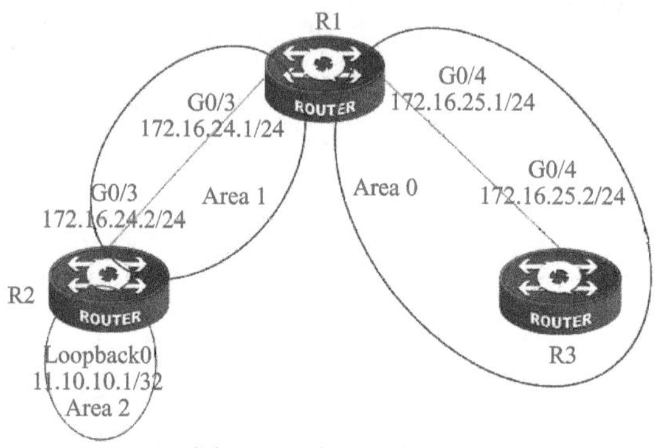

图14-2　案例拓扑图

2）案例要求：画出配置虚连接之后的逻辑拓扑。

案例15　OSPF路由汇总配置

1. 知识点回顾

路由汇总通常是将多条连续子路由汇总成一条汇总路由通告，可以起到减少路由表条目数量和加快路由器查询路由表速度的作用。

OSPF采用分区域设计，往往存在多个区域，如果不进行路由汇总，那么每条链路的LSA都将传播到主干区域，这将导致不必要的网络开销，并且当主干区域OSPF路由器收到LSA后都会启动SPF算法重新计算最佳路径，这也将加大OSPF路由器CPU的负担。

OSPF汇总主要有区域间汇总和外部路由汇总两种方式。

2. 案例目的

- 掌握OSPF区域间汇总的配置方法。
- 掌握OSPF自治系统外汇总的配置方法。

3. 应用环境

在OSPF骨干区域中，一个区域的所有地址都会被通告进来。但是如果某个子网忽好忽坏不稳定，那么在它每次改变状态时，都会引起LSA在整个网络中泛洪。为了解决这个问题，可以对网络地址进行汇总。

4. 设备需求

- 路由器两台。
- 网线若干。

扫码看视频

5. 案例拓扑

OSPF路由汇总案例拓扑图如图15-1所示。

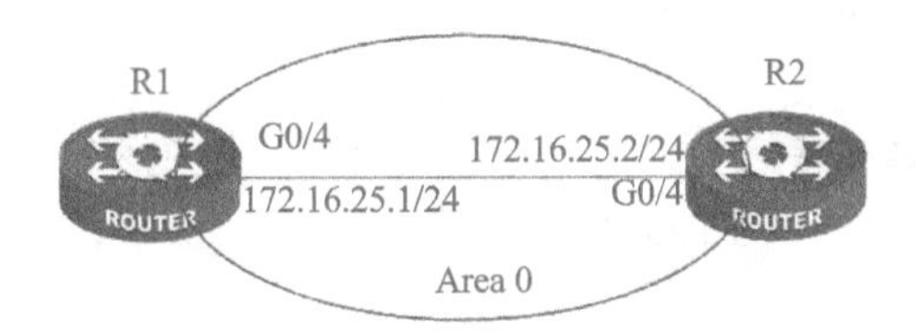

图15-1　OSPF路由汇总案例拓扑图

6. 案例需求

1）按照图15-1连接网络；按照要求配置路由器各接口地址。
2）在两台路由器上配置连续的Loopback接口地址。
3）在两台路由器上运行OSPF路由协议，使得两台路由器能够学习到相互的路由。
4）通过命令查看两台路由器上的路由表和链路状态数据库。
5）在两台路由器上进行路由汇总，然后再进行路由表和链路状态数据库的查看。

7. 实现步骤

1）按照图15-1配置路由器的名称、接口的IP地址，保证所有接口全部是UP状态，测试连通性。

2）为R1、R2配置Loopback接口1～6。

R1:

```
R1_confi#int Loopback 1
R1_config_l1#ip add 1.1.0.1 255.255.255.0
R1_config_l1#int Loopback 2
R1_config_l2#ip add 1.2.0.1 255.255.255.0
R1_config_l2#int Loopback 3
R1_config_l3#ip add 1.3.0.1 255.255.255.0
R1_config_l3#int Loopback 4
R1_config_l4#ip add 1.4.0.1 255.255.255.0
R1_config_l4#int Loopback 5
R1_config_l5#ip add 1.5.0.1 255.255.255.0
R1_config_l5#int Loopback 6
R1_config_l6#ip add 1.6.0.1 255.255.255.0
```

R2:

```
R2_config#int Loopback 1
R2_config_l1#ip add 2.1.0.1 255.255.255.0
R2_config_l1#int Loopback 2
R2_config_l2#ip add 2.2.0.1 255.255.255.0
R2_config_l2#int Loopback 3
R2_config_l3#ip add 2.3.0.1 255.255.255.0
R2_config_l3#int Loopback 4
R2_config_l4#ip add 2.4.0.1 255.255.255.0
R2_config_l4#int Loopback 5
R2_config_l5#ip add 2.5.0.1 255.255.255.0
R2_config_l5#int Loopback 6
R2_config_l6#ip add 2.6.0.1 255.255.255.0
```

3）将R1、R2的相应接口按照拓扑图加入Area 0。

R1:

```
R1_config#router ospf 1
R1_config_ospf_1#network 172.16.25.0 255.255.255.0 area 0
```

R2:

```
R2_config#router ospf 1
R2_config_ospf_1#network 172.16.25.0 255.255.255.0 area 0
```

区域路由汇总：

4）把R2配置成为ABR。

R2:

```
R2_config_ospf_1#network 2.1.0.0 255.255.255.0 area 1
R2_config_ospf_1#network 2.2.0.0 255.255.255.0 area 1
R2_config_ospf_1#network 2.3.0.0 255.255.255.0 area 1
R2_config_ospf_1#network 2.4.0.0 255.255.255.0 area 1
R2_config_ospf_1#network 2.5.0.0 255.255.255.0 area 1
R2_config_ospf_1#network 2.6.0.0 255.255.255.0 area 1
```

5）查看R1上的OSPF路由表和数据库。

R1:

```
R1_config#show ip route
Codes: C - connected, S - static, R - RIP, B - BGP, BC - BGP connected
       D - BEIGRP, DEX - external BEIGRP, O - OSPF, OIA - OSPF inter area
       ON1 - OSPF NSSA external type 1, ON2 - OSPF NSSA external type 2
       OE1 - OSPF external type 1, OE2 - OSPF external type 2
       DHCP - DHCP type, L1 - IS-IS level-1, L2 - IS-IS level-2

VRF ID: 0

C      1.1.0.0/24        is directly connected, Loopback1
C      1.2.0.0/24        is directly connected, Loopback2
C      1.3.0.0/24        is directly connected, Loopback3
C      1.4.0.0/24        is directly connected, Loopback4
C      1.5.0.0/24        is directly connected, Loopback5
C      1.6.0.0/24        is directly connected, Loopback6
O IA   2.1.0.1/32        [110,2] via 172.16.25.2(on GigaEthernet0/4)
O IA   2.2.0.1/32        [110,2] via 172.16.25.2(on GigaEthernet0/4)
O IA   2.3.0.1/32        [110,2] via 172.16.25.2(on GigaEthernet0/4)
O IA   2.4.0.1/32        [110,2] via 172.16.25.2(on GigaEthernet0/4)
O IA   2.5.0.1/32        [110,2] via 172.16.25.2(on GigaEthernet0/4)
O IA   2.6.0.1/32        [110,2] via 172.16.25.2(on GigaEthernet0/4)
```

```
C        172.16.25.0/24          is directly connected, GigaEthernet0/4

R1_config#show ip ospf database
------------------------------------------------------------------------
                         OSPF process: 1
                         (Router ID: 10.10.10.1)

                          AREA: 0
                   Router Link States
Link ID          ADV Router       Age          Seq Num      Checksum Link Count
11.10.10.1       11.10.10.1       91           0x80000004 0x44fc    1
10.10.10.1       10.10.10.1       90           0x80000003 0x175d    1
                   Summary Net Link States
Link ID          ADV Router       Age          Seq Num      Checksum
2.3.0.1          11.10.10.1       101          0x80000002 0x67af
2.4.0.1          11.10.10.1       101          0x80000002 0x5bba
2.5.0.1          11.10.10.1       101          0x80000002 0x4fc5
2.1.0.1          11.10.10.1       101          0x80000002 0x7f99
2.6.0.1          11.10.10.1       101          0x80000002 0x43d0
2.2.0.1          11.10.10.1       101          0x80000002 0x73a4
```

！可以发现不管是路由表还是数据库都很大，为了解决这个问题，在ABR上将黑体部分配置域内路由汇总

6）在R2上做域内路由汇总。

R2:

R2_config_ospf_1#area 1 range 2.0.0.0 255.248.0.0

！通过计算得出汇总的地址是2.0.0.0/13

R2_config_ospf_1#exit

R2_config#ip route 2.0.0.0 255.248.0.0 null0

！在进行区域汇总时，为了防止路由黑洞，一般会将这条汇总地址增加一条静态路由指向空接口（Null）

7）再次查看R1上的路由表和数据库，比较汇总结果。

R1:

```
R1_config#show ip route
Codes: C - connected, S - static, R - RIP, B - BGP, BC - BGP connected
       D - BEIGRP, DEX - external BEIGRP, O - OSPF, OIA - OSPF inter area
       ON1 - OSPF NSSA external type 1, ON2 - OSPF NSSA external type 2
       OE1 - OSPF external type 1, OE2 - OSPF external type 2
       DHCP - DHCP type, L1 - IS-IS level-1, L2 - IS-IS level-2
```

```
VRF ID: 0
C        1.1.0.0/24          is directly connected, Loopback1
C        1.2.0.0/24          is directly connected, Loopback2
C        1.3.0.0/24          is directly connected, Loopback3
C        1.4.0.0/24          is directly connected, Loopback4
C        1.5.0.0/24          is directly connected, Loopback5
C        1.6.0.0/24          is directly connected, Loopback6
O IA     2.0.0.0/13          [110,2] via 172.16.25.2(on GigaEthernet0/4)
C        172.16.25.0/24      is directly connected, GigaEthernet0/4
！观察到从原来的6条路由汇总成了一条13位的路由

R1_config#show ip ospf database
------------------------------------------------------------------------
                              OSPF process: 1
                              (Router ID: 10.10.10.1)

                               AREA: 0
                     Router Link States
Link ID        ADV Router     Age        Seq Num      Checksum Link Count
11.10.10.1     11.10.10.1     265        0x80000004 0x44fc    1
10.10.10.1     10.10.10.1     264        0x80000003 0x175d    1
                     Summary Net Link States
Link ID        ADV Router     Age        Seq Num      Checksum
2.0.0.0        11.10.10.1     121        0x80000001 0x7ba7
！ LSA-3也只剩下了一条，大大减小了路由表和数据库的大小
```

外部路由汇总：

8）将R1配置成ASBR。

R1:

```
R1_config_ospf_1#redistribute connect
```

9）查看R2上的路由表和数据库。

```
R2_config#show ip route
Codes: C - connected, S - static, R - RIP, B - BGP, BC - BGP connected
       D - BEIGRP, DEX - external BEIGRP, O - OSPF, OIA - OSPF inter area
       ON1 - OSPF NSSA external type 1, ON2 - OSPF NSSA external type 2
       OE1 - OSPF external type 1, OE2 - OSPF external type 2
       DHCP - DHCP type, L1 - IS-IS level-1, L2 - IS-IS level-2

VRF ID: 0
```

```
O E2    1.1.0.0/24          [150,100] via 172.16.25.1(on GigaEthernet0/4)
O E2    1.2.0.0/24          [150,100] via 172.16.25.1(on GigaEthernet0/4)
O E2    1.3.0.0/24          [150,100] via 172.16.25.1(on GigaEthernet0/4)
O E2    1.4.0.0/24          [150,100] via 172.16.25.1(on GigaEthernet0/4)
O E2    1.5.0.0/24          [150,100] via 172.16.25.1(on GigaEthernet0/4)
O E2    1.6.0.0/24          [150,100] via 172.16.25.1(on GigaEthernet0/4)
C       2.1.0.0/24          is directly connected, Loopback1
C       2.2.0.0/24          is directly connected, Loopback2
C       2.3.0.0/24          is directly connected, Loopback3
C       2.4.0.0/24          is directly connected, Loopback4
C       2.5.0.0/24          is directly connected, Loopback5
C       2.6.0.0/24          is directly connected, Loopback6
O E2    10.10.10.0/24       [150,100] via 172.16.25.1(on GigaEthernet0/4)
C       11.10.10.1/32       is directly connected, Loopback0
C       172.16.25.0/24      is directly connected, GigaEthernet0/4

R2_config#show ip ospf database
------------------------------------------------------------------------
                         OSPF process: 1
                         (Router ID: 11.10.10.1)

                          AREA: 0
                    Router Link States
Link ID       ADV Router      Age        Seq Num       Checksum Link Count
11.10.10.1    11.10.10.1      411        0x80000004 0x44fc     1
10.10.10.1    10.10.10.1      92         0x80000004 0x1b56     1
                    Net Link States
Link ID       ADV Router      Age        Seq Num       Checksum
172.16.25.2   11.10.10.1      411        0x80000001 0x73a8
                    Summary Net Link States
Link ID       ADV Router      Age        Seq Num       Checksum
2.0.0.0       11.10.10.1      267        0x80000001 0x7ba7

                          AREA: 1
                    Router Link States
Link ID       ADV Router      Age        Seq Num       Checksum Link Count
11.10.10.1    11.10.10.1      532        0x80000005 0xdb96     6
                    Summary Net Link States
Link ID       ADV Router      Age        Seq Num       Checksum
172.16.25.0   11.10.10.1      402        0x80000004 0x1233
```

```
                    Summary Router Link States
Link ID         ADV Router      Age         Seq Num       Checksum
10.10.10.1      11.10.10.1      82          0x80000001 0x44d0

                    ASE Link States
Link ID         ADV Router      Age         Seq Num       Checksum
1.4.0.0         10.10.10.1      94          0x80000001 0x8eb4
1.5.0.0         10.10.10.1      94          0x80000001 0x82bf
1.1.0.0         10.10.10.1      99          0x80000001 0xb293
1.6.0.0         10.10.10.1      94          0x80000001 0x76ca
10.10.10.1      10.10.10.1      94          0x80000001 0xaa68
1.2.0.0         10.10.10.1      94          0x80000001 0xa69e
1.3.0.0         10.10.10.1      94          0x80000001 0x9aa9
```

！观察到了AS外部，同样路由表和数据库都很大，为了解决这个问题，在ASBR上采用AS外部路由汇总

10）在R1上做外部路由汇总。

R1:

```
R1_config_ospf_1#summary-address 1.0.0.0 255.248.0.0
```

！通过计算得出汇总的地址是1.0.0.0/13

11）再次查看R1上的路由表和数据库，比较汇总结果。

```
R2_config#show ip route
Codes: C - connected, S - static, R - RIP, B - BGP, BC - BGP connected
       D - BEIGRP, DEX - external BEIGRP, O - OSPF, OIA - OSPF inter area
       ON1 - OSPF NSSA external type 1, ON2 - OSPF NSSA external type 2
       OE1 - OSPF external type 1, OE2 - OSPF external type 2
       DHCP - DHCP type, L1 - IS-IS level-1, L2 - IS-IS level-2

VRF ID: 0

O E2    1.0.0.0/13          [150,100] via 172.16.25.1(on GigaEthernet0/4)
C       2.1.0.0/24          is directly connected, Loopback1
C       2.2.0.0/24          is directly connected, Loopback2
C       2.3.0.0/24          is directly connected, Loopback3
C       2.4.0.0/24          is directly connected, Loopback4
C       2.5.0.0/24          is directly connected, Loopback5
C       2.6.0.0/24          is directly connected, Loopback6
C       11.10.10.1/32       is directly connected, Loopback0
C       172.16.25.0/24      is directly connected, GigaEthernet0/4

R2_config#show ip ospf database
```

```
-------------------------------------------------------------------------
                    OSPF process: 1
                    (Router ID: 11.10.10.1)

                     AREA: 0
               Router Link States
Link ID        ADV Router      Age       Seq Num      Checksum  Link Count
11.10.10.1     11.10.10.1      507       0x80000004 0x44fc    1
10.10.10.1     10.10.10.1      188       0x80000004 0x1b56    1
               Net Link States
Link ID        ADV Router      Age       Seq Num      Checksum
172.16.25.2    11.10.10.1      507       0x80000001 0x73a8
               Summary Net Link States
Link ID        ADV Router      Age       Seq Num      Checksum
2.0.0.0        11.10.10.1      363       0x80000001 0x7ba7

                    AREA: 1
               Router Link States
Link ID        ADV Router      Age       Seq Num      Checksum  Link Count
11.10.10.1     11.10.10.1      628       0x80000005 0xdb96    6
               Summary Net Link States
Link ID        ADV Router      Age       Seq Num      Checksum
172.16.25.0    11.10.10.1      498       0x80000004 0x1233
               Summary Router Link States
Link ID        ADV Router      Age       Seq Num      Checksum
10.10.10.1       11.10.10.1      178       0x80000001 0x44d0

               ASE Link States
Link ID        ADV Router      Age       Seq Num      Checksum
1.0.0.0        10.10.10.1      41        0x80000001 0xa2ab
```

！原来的6条24位掩码的外部路由汇聚成了一条13位掩码的外部路由，数据库中的LSA-5，也就是AS外部LSA也汇总成了一条

8. 注意事项和排错

- 在实际环境中，通常做精确的汇总。
- 区域汇总就是区域之间的地址汇总，一般配置在ABR上。
- 外部路由汇总就是一组外部路由通过重发布进入OSPF中，将这些外部路由进行汇总。一般配置在ASBR上。

9. 完整配置文档

```
--------------------------------R1--------------------------------
R1_config#show  running-config
Building configuration...

Current configuration:
!
!version 1.3.3H
service timestamps log date
service timestamps debug date
no service password-encryption
!
hostname R1
!
gbsc group default
!

interface Loopback0
 ip address 10.10.10.1 255.255.255.255
 no ip directed-broadcast
!
interface Loopback1
 ip address 1.1.0.1 255.255.255.0
 no ip directed-broadcast
!
interface Loopback2
 ip address 1.2.0.1 255.255.255.0
 no ip directed-broadcast
!
interface Loopback3
 ip address 1.3.0.1 255.255.255.0
 no ip directed-broadcast
!
interface Loopback4
```

```
--------------------------------R2--------------------------------
R2_config#show running-config
Building configuration...

Current configuration:
!
!version 1.3.3H
service timestamps log date
service timestamps debug date
no service password-encryption
!
hostname R2
!
gbsc group default
!
interface Loopback0
 ip address 11.10.10.1 255.255.255.255
 no ip directed-broadcast
!
interface Loopback1
 ip address 2.1.0.1 255.255.255.0
 no ip directed-broadcast
!
interface Loopback2
 ip address 2.2.0.1 255.255.255.0
 no ip directed-broadcast
!
interface Loopback3
 ip address 2.3.0.1 255.255.255.0
 no ip directed-broadcast
!
interface Loopback4
 ip address 2.4.0.1 255.255.255.0
```

```
 ip address 1.4.0.1 255.255.255.0
 no ip directed-broadcast
!
interface Loopback5
 ip address 1.5.0.1 255.255.255.0
 no ip directed-broadcast
!
interface Loopback6
 ip address 1.6.0.1 255.255.255.0
 no ip directed-broadcast
!
interface FastEthernet0/0
 no ip address
 no ip directed-broadcast
!
interface GigaEthernet0/3
 no ip address
 no ip directed-broadcast
!
interface GigaEthernet0/4
 ip address 172.16.25.1 255.255.255.0
 no ip directed-broadcast
!
interface GigaEthernet0/5
 no ip address
 no ip directed-broadcast
!
interface GigaEthernet0/6
 no ip address
 no ip directed-broadcast
!
interface Serial0/1
 no ip address
 no ip directed-broadcast
!
interface Serial0/2
 no ip address
 no ip directed-broadcast
!
interface Async0/0
```

```
 no ip directed-broadcast
!
interface Loopback5
 ip address 2.5.0.1 255.255.255.0
 no ip directed-broadcast
!
interface Loopback6
 ip address 2.6.0.1 255.255.255.0
 no ip directed-broadcast
!
interface FastEthernet0/0
 no ip address
 no ip directed-broadcast
!
interface GigaEthernet0/3
 no ip address
 no ip directed-broadcast
!
interface GigaEthernet0/4
 ip address 172.16.25.2 255.255.255.0
 no ip directed-broadcast
!
interface GigaEthernet0/5
 no ip address
 no ip directed-broadcast
!
interface GigaEthernet0/6
 no ip address
 no ip directed-broadcast
!
interface Serial0/1
 no ip address
 no ip directed-broadcast
!
interface Serial0/2
 no ip address
 no ip directed-broadcast
!
interface Async0/0
 no ip address
```

```
 no ip address
 no ip directed-broadcast
!
router ospf 1
 router-id 10.10.10.1
 network 172.16.25.0 255.255.255.0 area 0
 summary-address 1.0.0.0 255.248.0.0
 redistribute connect
```

```
 no ip directed-broadcast
!
router ospf 1
 router-id 11.10.10.1
 network 172.16.25.0 255.255.255.0 area 0
 network 2.1.0.0 255.255.255.0 area 1
 network 2.2.0.0 255.255.255.0 area 1
 network 2.3.0.0 255.255.255.0 area 1
 network 2.4.0.0 255.255.255.0 area 1
 network 2.5.0.0 255.255.255.0 area 1
 network 2.6.0.0 255.255.255.0 area 1
 area 1 range 2.0.0.0 255.248.0.0
```

10. 案例总结

在OSPF的网络中，路由汇总分为两种，一种是区域间的路由汇总，另一种是区域外的路由汇总。在网络拓扑实施完成以后，为了减少OSPF骨干区域的路由条目，提高设备的转发性能，都需要在ABR设备上对区域间的路由进行汇总，同时也需要对自治系统外部的路由进行汇总。

11. 共同思考

1）路由汇总的作用是什么？

2）在ABR设备和ASBR设备上对路由进行汇总时有什么不同？

12. 课后练习

1）案例拓扑图如图15-2所示。

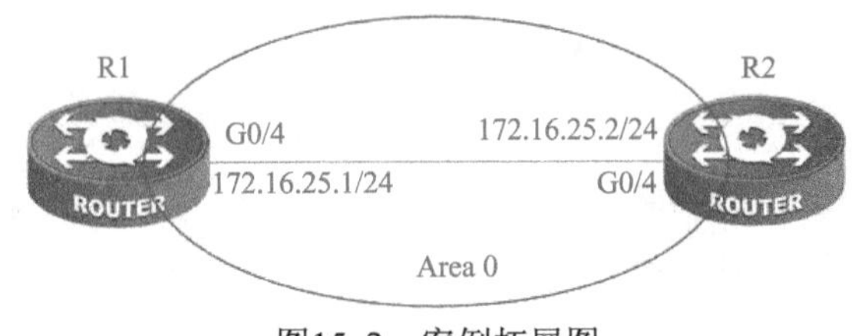

图15-2　案例拓展图

2）案例要求：通过修改Loopback地址，重新做路由汇总实验。

案例16　OSPF认证配置

1. 知识点回顾

在OSPF网络中，出于安全考虑，增加了认证机制。OSPF支持两种认证方式：明文和MD5认证。在启用OSPF认证后，Hello包中将携带密码，只有双方Hello包中的密码相同，才能建立OSPF邻居关系，建立邻居关系后才能交换LSA，构建SPF树形路由表。

2. 案例目的

- 掌握OSPF认证的配置。
- 理解区域认证的作用。

3. 应用环境

与RIP相同，OSPF也有认证机制。为了安全，可以在相同OSPF区域的路由器上启用身份验证的功能。只有经过身份验证的同一区域的路由器，才能互相通告路由信息。这样做可以增加网络安全性，对OSPF重新配置时，不同口令可以配置在新口令和旧口令的路由器上，防止它们在一个共享的公共广播网络的情况下互相通信。

4. 设备需求

- 路由器两台。
- 网线若干。

5. 案例拓扑

OSPF认证案例拓扑图如图16-1所示。

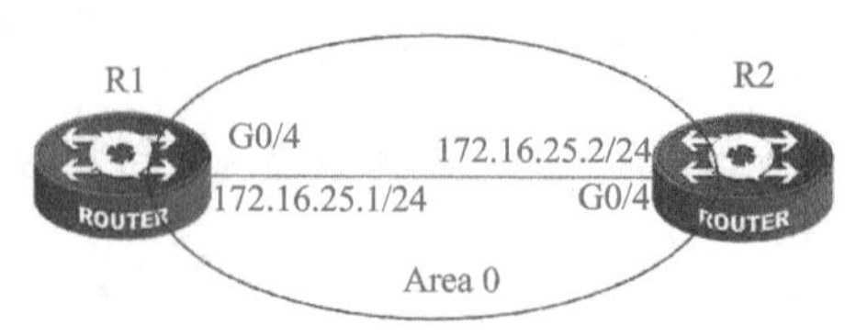

图16-1　OSPF认证案例拓扑图

6. 案例需求

1）按照图16-1连接网络，并按照要求配置路由器各接口地址。

2）本实验模拟小型企业网中OSPF的接口认证和区域认证，通过实验观察认证的特点并熟悉其作用。

7. 实现步骤

1）按照图16-1配置路由器的名称、接口的IP地址，保证所有接口全部是UP状态，测试连通性。

2）将R1、R2的相应接口按照拓扑图加入Area 0。

R1:

```
R1_config#router ospf 1
R1_config_ospf_1#network 172.16.24.0 255.255.255.0 area 0
```

R2:

```
R2_config#router ospf 1
R2_config_ospf_1#network 172.16.24.0 255.255.255.0 area 0
```

接口密文认证：

3）为R1接口配置MD5密文验证。

R1:

```
R1_config#interface g0/4
R1_config_g0/4#ip ospf message-digest-key 1 md5 DCNU
！采用MD5加密，密码为DCNU
R1_config_g0/4#ip ospf authentication message-digest
！在R1上配置好后，启用debug ip ospf packet可以看到：
R1#debug ip ospf packet
R1#2002-1-1 00:06:29 OSPF: Send HELLO to 224.0.0.5 on GigaEthernet0/4
2002-1-1 00:06:29        HelloInt 10 Dead 40 Opt 0x2 Pri 1 len 44
2002-1-1 00:06:31 OSPF: Recv IP_SOCKET_RECV_PACKET message
2002-1-1 00:06:31 OSPF: Entering ospf_recv 64
2002-1-1 00:06:31 OSPF: Recv a packet from source: 172.16.25.2 dest 224.0.0.5
2002-1-1 00:06:31 OSPF: ERR recv PACKET, auth type not match
2002-1-1 00:06:31 OSPF: ERROR! events 21
！这是因为RA发送了key-id为1的key，但是RB还上没有配置验证，所以会出现验证类型不匹配的错误
```

4）为R2接口配置MD5密文验证。

R2:

```
R2_config#interface G0/4
```

R2_config_g0/4#ip ospf message-digest-key **1 md5 DCNU**

！定义key和密码

R2_config_g0/4#ip ospf authentication message-digest

！定义认证类型为MD5

5）查看邻居关系。

```
R2_config#show ip ospf nei
--------------------------------------------------------------------------
                              OSPF process: 1

                                AREA: 0
Neighbor ID      Pri    State           DeadTime    Neighbor Addr    Interface
10.10.10.1        1     FULL/BDR          35          172.16.25.1     GigaEthernet0/4
```

区域密文验证：

6）删除掉接口认证的配置，然后进行OSPF区域密文验证。

R1:

R1_config_ospf_1#area 0 authentication message-digest

R2:

R2_config_ospf_1#area 0 authentication message-digest

7）查看邻居关系。

R1:

```
R1_config#show ip ospf nei
--------------------------------------------------------------------------
                              OSPF process: 1

                                AREA: 0
Neighbor ID      Pri    State           DeadTime    Neighbor Addr    Interface
10.10.10.1        1     FULL/DR          35          172.16.25.2     GigaEthernet0/4
```

！邻居关系已经建立

8. 注意事项和排错

- 认证方式除了加密，还有明文方式。
- 区域验证是在OSPF路由进程下启用的。
- 一旦启用，这台路由器所有属于这个区域的接口都将启用。
- 接口验证是在接口下启用的，也只影响路由器的一个接口。
- 密码都是在接口上配置，认证方式不同，启用的接口也不同。

9. 完整配置文档

```
------------------------------R1------------------------------
R1_config#show running-config
Building configuration...

Current configuration:
!
!version 1.3.3H
service timestamps log date
service timestamps debug date
no service password-encryption
!
hostname R1
!
gbsc group default
!
interface Loopback0
 ip address 10.10.10.1 255.255.255.255
 no ip directed-broadcast
!
interface FastEthernet0/0
 no ip address
 no ip directed-broadcast
!
interface GigaEthernet0/3
 no ip address
 no ip directed-broadcast
!
interface GigaEthernet0/4
 ip address 172.16.25.1 255.255.255.0
 no ip directed-broadcast
 ip ospf authentication message-digest
 ip ospf message-digest-key 1 md5 DCNU
!
interface GigaEthernet0/5
 no ip address
 no ip directed-broadcast
!
interface GigaEthernet0/6
```

```
------------------------------R2------------------------------
R2_config#show running-config
Building configuration...

Current configuration:
!
!version 1.3.3H
service timestamps log date
service timestamps debug date
no service password-encryption
!
hostname R2
!
gbsc group default
!
interface Loopback0
 ip address 11.10.10.1 255.255.255.255
 no ip directed-broadcast
!
interface FastEthernet0/0
 no ip address
 no ip directed-broadcast
!
interface GigaEthernet0/3
 no ip address
 no ip directed-broadcast
!
interface GigaEthernet0/4
 ip address 172.16.25.2 255.255.255.0
 no ip directed-broadcast
 ip ospf authentication message-digest
 ip ospf message-digest-key 1 md5 DCNU
!
interface GigaEthernet0/5
 no ip address
 no ip directed-broadcast
!
interface GigaEthernet0/6
```

```
 no ip address
 no ip directed-broadcast
!
interface Serial0/1
 no ip address
 no ip directed-broadcast
!
interface Serial0/2
 no ip address
 no ip directed-broadcast
!
interface Async0/0
 no ip address
 no ip directed-broadcast
!
interface Async0/0
 no ip address
 no ip directed-broadcast
!
router ospf 1
 network 172.16.25.0 255.255.255.0 area 0
 area 0 authentication message-digest
```

```
 no ip address
 no ip directed-broadcast
!
interface Serial0/1
 no ip address
 no ip directed-broadcast
!
interface Serial0/2
 no ip address
 no ip directed-broadcast
!
interface Async0/0
 no ip address
 no ip directed-broadcast
!
interface Async0/0
 no ip address
 no ip directed-broadcast
!
router ospf 1
 network 172.16.25.0 255.255.255.0 area 0
 area 0 authentication message-digest
```

10. 案例总结

为了提高OSPF网络的安全性，本协议增加了认证机制，一种是密文认证，另一种是明文认证。该认证可用于接口下面，也可用于区域下。在项目工程中，可根据需求实施不同的认证。

11. 共同思考

1）认证的作用是什么？

2）在什么地方配置认证？

12. 课后练习

1）案例拓扑图如图16-2所示。

2）案例要求：按照图16-2搭建网络，给路由器配置表项中的地址，参照手册，尝试使用明文接口认证方式配置。再参照手册，尝试使用明文区域认证方式配置。

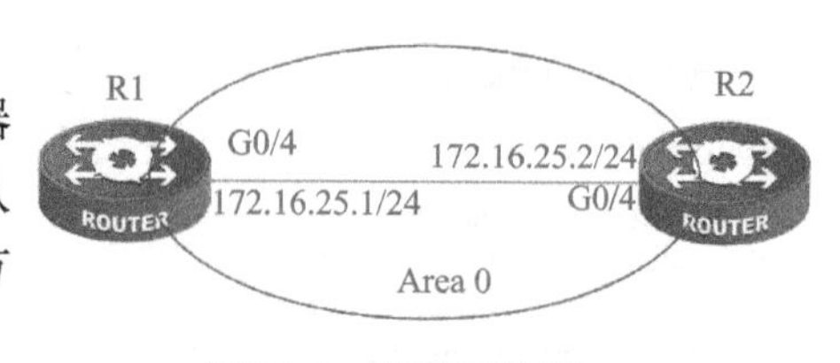

图16-2 案例拓扑图

案例17

直连路由和静态路由的重发布

1. 知识点回顾

随着网络的不断扩张与合并，一些问题浮上了水面：不同的网络通过各种联系合并成一个更大的网络，在这个更大的网络中运行着不同的路由协议，为了让路由信息顺利传播，能够被不同的路由协议学习，每一种路由协议必须采用一种机制能够把自己学习到的路由信息分享给其他的路由协议，这种分享的机制称为“路由重发布”。

2. 案例目的

- 理解路由选择的过程和路由表的维护过程。
- 加深理解直连路由、静态路由与动态路由协议对于维护路由表的作用。

3. 应用环境

网络环境多种多样，很多时候需要在各种不同的协议之间将路由进行重新发布，以使相关网络信息可以传递到需要的网络中。

4. 设备需求

- 路由器3台。
- 计算机两台。
- 网线若干。

扫码看视频

5. 案例拓扑

直连路由和静态路由的重发布案例拓扑图如图17-1所示。

图17-1　直连路由和静态路由的重发布案例拓扑图

6. 案例需求

1）按照图17-1所示的地址配置实验环境。

2）配置R2使用静态路由到达192.168.1.0网络，通过RIP学习到192.168.3.0网络。R2中的Network只增加192.168.4.0网络。

3）R1使用默认路由0.0.0.0/0到达其他远程网络。

4）R3使用RIP与R2交互学习网络信息。

5）在没有做任何重发布配置时，查看3台路由器的路由表。

6）在R2中做静态路由的重发布，查看R3的路由表。

7）在R2中增加直连路由的重发布，查看R3的路由表有何变化。

7. 实现步骤

1）配置基础网络环境。

```
------------------------------R1------------------------------
Router_config#hostname R1
R1_config#interface fastEthernet 0/0
R1_config_f0/0#ip address 192.168.2.1 255.255.255.0
R1_config#interface fastEthernet 0/3
R1_config_f0/3#ip add 192.168.1.1 255.255.255.0
R1_config#
------------------------------R2-------------------------------
Router_config#hostname R2
R2_config#interface fastEthernet 0/0
R2_config_f0/0#ip address 192.168.2.2 255.255.255.0
R2_config#interface fastEthernet 0/1
R2_config_f0/1#ip address 192.168.4.2 255.255.255.0
R2_config#
------------------------------R3-------------------------------
Router_config#hostname R3
R3_config#interface fastEthernet 0/0
R3_config_f0/0#ip address 192.168.4.1 255.255.255.0
R3_config#interface fastEthernet 0/3
R3_config_f0/3#ip address 192.168.3.1 255.255.255.0
R3_config#
```

测试链路的连通性：

```
------------------------------R1-------------------------------
R1_config#ping 192.168.1.10
PING 192.168.1.10 (192.168.1.10): 56 data bytes
!!!!!
```

```
--- 192.168.1.10 ping statistics ---
5 packets transmitted, 5 packets received, 0% packet loss
round-trip min/avg/max = 0/0/0 ms
R1_config#ping 192.168.2.2
PING 192.168.2.2 (192.168.2.2): 56 data bytes
!!!!!
--- 192.168.2.2 ping statistics ---
5 packets transmitted, 5 packets received, 0% packet loss
round-trip min/avg/max = 0/0/0 ms
R1_config#
-------------------------------R2--------------------------------
R2#ping 192.168.2.1
PING 192.168.2.1 (192.168.2.1): 56 data bytes
!!!!!
--- 192.168.2.1 ping statistics ---
5 packets transmitted, 5 packets received, 0% packet loss
round-trip min/avg/max = 0/0/0 ms
R2#ping 192.168.4.1
PING 192.168.4.1 (192.168.4.1): 56 data bytes
!!!!!
--- 192.168.4.1 ping statistics ---
5 packets transmitted, 5 packets received, 0% packet loss
round-trip min/avg/max = 0/0/0 ms
R2#
---------------------------R3--------------------------------
R3_config#ping 192.168.4.2
PING 192.168.4.2 (192.168.4.2): 56 data bytes
!!!!!
--- 192.168.4.2 ping statistics ---
5 packets transmitted, 5 packets received, 0% packet loss
round-trip min/avg/max = 0/0/0 ms
R3_config#

R3_config#ping 192.168.3.10
PING 192.168.3.10 (192.168.3.10): 56 data bytes
!!!!!
--- 192.168.3.10 ping statistics ---
5 packets transmitted, 5 packets received, 0% packet loss
round-trip min/avg/max = 0/0/0 ms
R3_config#
```

2）使用静态和RIP混合的路由环境。

配置R1路由环境，R1主要使用静态路由，需要添加以下两个路由段：

```
R1_config#ip route 192.168.4.0 255.255.255.0 192.168.2.2
R1_config#ip route 192.168.3.0 255.255.255.0 192.168.2.2
```

也可以添加如下所示的默认路由。

```
R1_config#ip route 0.0.0.0 0.0.0.0 192.168.2.2
```

以上两种方法在本实验中的效果是一样的。

配置R2路由，在F0/0这一侧使用静态路由，在F0/1这一侧使用RIP，配置方法如下。

```
R2_config#ip route 192.168.1.0 255.255.255.0 192.168.2.1
R2_config#router rip
R2_config_rip#network 192.168.4.0 255.255.255.0
R2_config_rip#ver 2
```

配置R3路由器，使用RIP 完成路由环境搭建，配置方法如下。

```
R3_config#router rip
R3_config_rip#network 192.168.4.0 255.255.255.0
R3_config_rip#network 192.168.3.0 255.255.255.0
R3_config_rip#version 2
```

此时查看路由表，结果如下。

```
------------------------------R1--------------------------------
R1_config#show ip route
Codes: C - connected, S - static, R - RIP, B - BGP, BC - BGP connected
       D - DEIGRP, DEX - external DEIGRP, O - OSPF, OIA - OSPF inter area
       ON1 - OSPF NSSA external type 1, ON2 - OSPF NSSA external type 2
       OE1 - OSPF external type 1, OE2 - OSPF external type 2
       DHCP - DHCP type

VRF ID: 0

S      0.0.0.0/0           [1,0] via 192.168.2.2(on FastEthernet0/0)
C      192.168.1.0/24      is directly connected, FastEthernet0/3
C      192.168.2.0/24      is directly connected, FastEthernet0/0
S      192.168.3.0/24      [1,0] via 192.168.2.2(on FastEthernet0/0)
S      192.168.4.0/24      [1,0] via 192.168.2.2(on FastEthernet0/0)
R1_config#
```

上面的路由表是既添加静态路由又添加默认路由的情况。如果只添加默认路由，则没有后两条静态路由；如果只添加静态路由，则没有最上面的默认路由。

```
------------------------------R2--------------------------------
R2_config#show ip route
Codes: C - connected, S - static, R - RIP, B - BGP, BC - BGP connected
       D - DEIGRP, DEX - external DEIGRP, O - OSPF, OIA - OSPF inter area
```

```
        ON1 - OSPF NSSA external type 1, ON2 - OSPF NSSA external type 2
        OE1 - OSPF external type 1, OE2 - OSPF external type 2
        DHCP - DHCP type

VRF ID: 0

S       192.168.1.0/24        [1,0] via 192.168.2.1(on FastEthernet0/0)
C       192.168.2.0/24        is directly connected, FastEthernet0/0
R       192.168.3.0/24        [120,1] via 192.168.4.1(on FastEthernet0/1)
C       192.168.4.0/24        is directly connected, FastEthernet0/1
R2_config#
---------------------------R3---------------------------------
R3_config#show ip route
Codes: C - connected, S - static, R - RIP, B - BGP, BC - BGP connected
        D - DEIGRP, DEX - external DEIGRP, O - OSPF, OIA - OSPF inter area
        ON1 - OSPF NSSA external type 1, ON2 - OSPF NSSA external type 2
        OE1 - OSPF external type 1, OE2 - OSPF external type 2
        DHCP - DHCP type

VRF ID: 0

C       192.168.3.0/24        is directly connected, FastEthernet0/3
C       192.168.4.0/24        is directly connected, FastEthernet0/0
R3_config#
```

分析结果可知，此时只有R1和R2的路由表是完整的，因为R1使用静态路由，而R2与R3建立了完整的RIP更新环境，对R3来说，由于R2没有把左侧网络的情况添加到路由进程，R3什么新消息都无法得到。因此对该环境只有进一步配置R2路由器的RIP，才能使R3的路由表完整。

8. 注意事项和排错

本实验可以使用静态路由的重发布和直连路由的重发布将R2左侧的网络发布给RIP环境中的R3路由器。具体做法如下。

1）添加一个直连路由的重发布命令给R2，其过程和结果如下。

```
R2_config#router rip
R2_config_rip#redistribute connect
R2_config_rip#exit
```

2）在R3路由器中查看路由表，得到如下信息。

```
R3_config#show ip route
Codes: C - connected, S - static, R - RIP, B - BGP, BC - BGP connected
       D - DEIGRP, DEX - external DEIGRP, O - OSPF, OIA - OSPF inter area
       ON1 - OSPF NSSA external type 1, ON2 - OSPF NSSA external type 2
       OE1 - OSPF external type 1, OE2 - OSPF external type 2
       DHCP - DHCP type

VRF ID: 0

R      192.168.2.0/24      [120,1] via 192.168.4.2(on FastEthernet0/0)
C      192.168.3.0/24      is directly connected, FastEthernet0/3
C      192.168.4.0/24      is directly connected, FastEthernet0/0
R3_config#
```

可以看出，经过直连路由的重发布，R2将其直连网段192.168.2.0发布给了R3，但却没有将静态路由（S标示的那些）发布给R3。因此，如果R3想要获得完整的路由，还需要在R2中添加静态路由的重发布，操作方法如下。

```
R2_config#router rip
R2_config_rip#redistribute static
R2_config_rip#exit
```

3）再次从R3中查看结果如下。

```
R3_config#show ip route
Codes: C - connected, S - static, R - RIP, B - BGP, BC - BGP connected
       D - DEIGRP, DEX - external DEIGRP, O - OSPF, OIA - OSPF inter area
       ON1 - OSPF NSSA external type 1, ON2 - OSPF NSSA external type 2
       OE1 - OSPF external type 1, OE2 - OSPF external type 2
       DHCP - DHCP type

VRF ID: 0

R      192.168.1.0/24      [120,1] via 192.168.4.2(on FastEthernet0/0)
R      192.168.2.0/24      [120,1] via 192.168.4.2(on FastEthernet0/0)
C      192.168.3.0/24      is directly connected, FastEthernet0/3
C      192.168.4.0/24      is directly connected, FastEthernet0/0
R3_config#
```

至此，通过对静态路由区域和直连路由的再发布，就将RIP环境完整地搭建起来了。

9. 完整配置文档

```
-------------------------R1-------------------------------
R1# show running-config
```

```
-------------------------R2------------------------------
R2# show running-config
```

```
Building configuration...

Current configuration:
!
!version 1.3.3G
service timestamps log date
service timestamps debug date
no service password-encryption
!
hostname R1
!
gbsc group default
!
interface FastEthernet0/0
 ip address 192.168.2.1 255.255.255.0
 no ip directed-broadcast
!
interface FastEthernet0/3
 ip address 192.168.1.1 255.255.255.0
 no ip directed-broadcast
!
interface Serial0/1
 no ip address
 no ip directed-broadcast
!
interface Serial0/2
 no ip address
 no ip directed-broadcast
!
interface Async0/0
 no ip address
 no ip directed-broadcast
!
ip route default 192.168.2.2
ip route 192.168.3.0 255.255.255.0 192.168.2.2
ip route 192.168.4.0 255.255.255.0 192.168.2.2
```

```
Building configuration...

Current configuration:
!
!version 1.3.3G
service timestamps log date
service timestamps debug date
no service password-encryption
!
hostname R2
!
gbsc group default

interface FastEthernet0/0
 ip address 192.168.2.2 255.255.255.0
 no ip directed-broadcast
!
interface FastEthernet0/1
 ip address 192.168.4.2 255.255.255.0
 no ip directed-broadcast
!
interface Serial0/2
 no ip address
 no ip directed-broadcast
!
interface Serial0/3
 no ip address
 no ip directed-broadcast
!
interface Async0/0
 no ip address
 no ip directed-broadcast
!
router rip
 version 2
 network 192.168.4.0 255.255.255.0
 redistribute static
 redistribute connect
ip route 192.168.1.0 255.255.255.0 192.168.2.1
```

```
-------------------------R3------------------------------
R3# show running-config
Building configuration...

Current configuration:
!
!version 1.3.3G
service timestamps log date
service timestamps debug date
no service password-encryption
!
hostname R3

gbsc group default

interface FastEthernet0/0
 ip address 192.168.4.1 255.255.255.0
 no ip directed-broadcast
!
interface FastEthernet0/3
 ip address 192.168.3.1 255.255.255.0
 no ip directed-broadcast
!
interface Serial0/1
 no ip address
 no ip directed-broadcast
!
interface Serial0/2
 no ip address
 no ip directed-broadcast
!
interface Async0/0
 no ip address
 no ip directed-broadcast

router rip
 version 2
network 192.168.4.0 255.255.255.0
network 192.168.3.0 255.255.255.0
```

10. 案例总结

当网络环境比较复杂，运行静态和RIP等动态路由协议时，为了实现网络的全网互通，需要在各种不同的协议之间将路由进行重新发布。在重发布的过程中，需要确定重新发布的设备和确定方式为单向发布还是双向发布。

11. 共同思考

如果在R2中存在一条默认路由，R3也可以将默认静态路由学习到自己的路由表中，为什么？如果R2的默认路由刚好指向R3，会有什么问题出现？如果R2的默认路由指向R1，R3学习到的默认路由会指向R2还是R1?

12. 课后练习

1）案例拓扑图如图17-2所示。

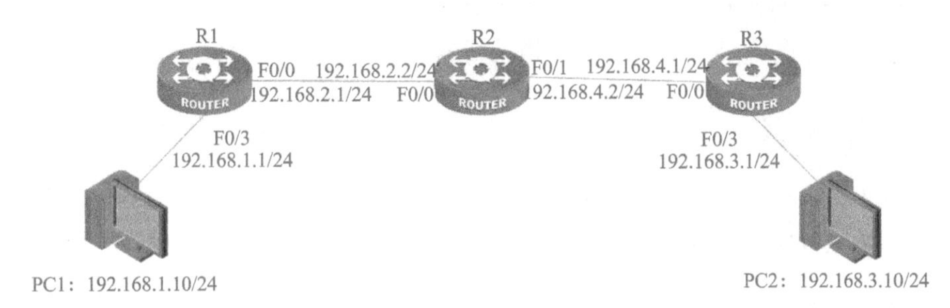

图17-2　案例拓扑图

2）案例要求：将RIP版本改为1，并且将地址改为10网段且掩码为24位，重做实验。

案例18　RIP和OSPF的重发布

1. 知识点回顾

在整个IP网络中，为了配置简单和管理方便，人们不愿意使用多路由协议，这在无形中会增加难度，人们更愿意采用单一的路由协议来配置网络，但是现代网络的发展迫使人们必须接受网络中存在多个路由选择域。当出现多路由选择域时，为了使网络互联互通，必须使用路由重发布。

2. 案例目的

- 理解RIP和OSPF路由协议更新方法的差异。
- 进一步理解重分布时需要考虑的相关问题。

3. 应用环境

RIP和OSPF协议是目前使用较频繁的路由协议，这两种协议交接的场合也很多见，它们之间的重分布是比较常见的配置。

4. 设备需求

- 路由器3台。
- 计算机两台。
- 网线若干。

5. 案例拓扑

RIP和OSPF的重发布案例拓扑图如图18-1所示。

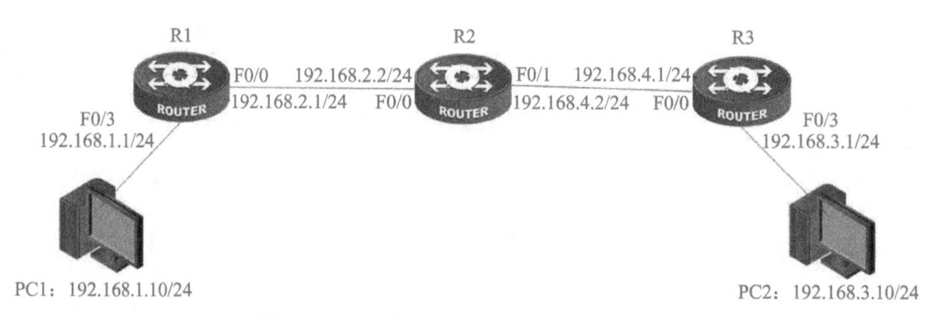

图18-1　RIP和OSPF的重发布案例拓扑图

6. 案例需求

1）按照图18-1配置基础拓扑，测试连通性。

2）配置R1和R2之间使用RIP学习路由信息，R2和R3之间使用OSPF协议。

3）R1配置RIP，使用两条Network命令包括所有的两个直连网络。

4）R2配置RIP，使用一条Network命令包括192.168.2.0网络；同时配置OSPF使用一条Network命令，包括192.168.4.0网络。

5）R3配置OSPF协议，两条Network命令包括所有直连网络。

6）在R2中配置RIP到OSPF的重分布，再配置OSPF到RIP的重分发。

7）查看R1的路由表。

7. 实现步骤

1）配置基础网络环境（此处略，步骤参考案例17）。

2）配置路由环境。

R1配置纯RIP环境，都是用Network命令指定相邻网段进入RIP进程，过程如下。

```
-------------------------------R1-------------------------------
R1#config
R1_config#router rip
R1_config_rip#network 192.168.1.0 255.255.255.0
R1_config_rip#network 192.168.2.0 255.255.255.0
R1_config_rip#version 2
R1_config_rip#exit
R1_config#exit
```

R2环境相对复杂一些，配置F0/0端口网段使用RIP，配置F0/1端口网段使用OSPF协议，过程如下。

```
-------------------------------R2-------------------------------
R2_config#router rip
R2_config_rip#version 2
R2_config_rip#network 192.168.2.0 255.255.255.0
R2_config_rip#exit
R2_config#router ospf 1
R2_config_ospf_1#network 192.168.4.0 255.255.255.0 area 0
R2_config_ospf_1#exit
R2_config#
-------------------------------R3-------------------------------
R3#config
R3_config#router ospf 1
R3_config_ospf_1#network 192.168.4.0 255.255.255.0 area 0
R3_config_ospf_1#network 192.168.3.0 255.255.255.0 area 0
```

```
R3_config_ospf_1#exit
R3_config#
```

查看路由表。

```
------------------------------R1------------------------------
R1_config#show ip route
Codes: C - connected, S - static, R - RIP, B - BGP, BC - BGP connected
        D - DEIGRP, DEX - external DEIGRP, O - OSPF, OIA - OSPF inter area
        ON1 - OSPF NSSA external type 1, ON2 - OSPF NSSA external type 2
        OE1 - OSPF external type 1, OE2 - OSPF external type 2
        DHCP - DHCP type

VRF ID: 0

C       192.168.1.0/24        is directly connected, FastEthernet0/3
C       192.168.2.0/24        is directly connected, FastEthernet0/0
R1_config#
------------------------------R2-------------------------------
R2_config#show ip route
Codes: C - connected, S - static, R - RIP, B - BGP, BC - BGP connected
        D - DEIGRP, DEX - external DEIGRP, O - OSPF, OIA - OSPF inter area
        ON1 - OSPF NSSA external type 1, ON2 - OSPF NSSA external type 2
        OE1 - OSPF external type 1, OE2 - OSPF external type 2
        DHCP - DHCP type

VRF ID: 0

R       192.168.1.0/24        [120,1] via 192.168.2.1(on FastEthernet0/0)
C       192.168.2.0/24        is directly connected, FastEthernet0/0
O       192.168.3.0/24        [110,2] via 192.168.4.1(on FastEthernet0/1)
C       192.168.4.0/24        is directly connected, FastEthernet0/1
R2_config#
------------------------------R3-------------------------------
R3_config#show ip route
Codes: C - connected, S - static, R - RIP, B - BGP, BC - BGP connected
        D - DEIGRP, DEX - external DEIGRP, O - OSPF, OIA - OSPF inter area
        ON1 - OSPF NSSA external type 1, ON2 - OSPF NSSA external type 2
        OE1 - OSPF external type 1, OE2 - OSPF external type 2
        DHCP - DHCP type

VRF ID: 0
```

```
C        192.168.3.0/24        is directly connected, FastEthernet0/3
C        192.168.4.0/24        is directly connected, FastEthernet0/0
R3_config#
```

通过上面的路由表发现，只有R2的路由表是完整的，R1和R3都因为R2没有将对方的信息进行传递而得不到远端网络的消息，所以问题的关键还是在R2。

8. 注意事项和排错

在R2中启用动态路由的重发布过程，首先仅将RIP再发布进OSPF协议，过程如下。

```
R2_config#router ospf 1
R2_config_ospf_1#redistribute rip
R2_config_ospf_1#exit
R2_config#
```

此时查看R3的路由表，情况如下。

```
R3#show ip route
Codes: C - connected, S - static, R - RIP, B - BGP, BC - BGP connected
       D - DEIGRP, DEX - external DEIGRP, O - OSPF, OIA - OSPF inter area
       ON1 - OSPF NSSA external type 1, ON2 - OSPF NSSA external type 2
       OE1 - OSPF external type 1, OE2 - OSPF external type 2
       DHCP - DHCP type

VRF ID: 0

O E2     192.168.1.0/24        [150,100] via 192.168.4.2(on FastEthernet0/0)
C        192.168.3.0/24        is directly connected, FastEthernet0/3
C        192.168.4.0/24        is directly connected, FastEthernet0/0
R3#
```

从上面的R3路由表可以看到，它学习了一条OSPF自治系统外部路由（因为是从RIP注入的），其默认的初始度量值是100。但同时也观察到，这个路由表依然是不完整的，对于R2的直连网络192.168.2.0，还是没有学习到。如果想通过R2学习到直连的网络段，则还需要在R2中将直连路由在OSPF进程中重发布一下，过程如下。

```
R2_config#router ospf 1
R2_config_ospf_1#redistribute connect
```

此时再次查看R3的路由表。

```
R3#show ip route
Codes: C - connected, S - static, R - RIP, B - BGP, BC - BGP connected
       D - DEIGRP, DEX - external DEIGRP, O - OSPF, OIA - OSPF inter area
       ON1 - OSPF NSSA external type 1, ON2 - OSPF NSSA external type 2
```

```
        OE1 - OSPF external type 1, OE2 - OSPF external type 2
        DHCP - DHCP type

VRF ID: 0

O E2    192.168.1.0/24      [150,100] via 192.168.4.2(on FastEthernet0/0)
O E2    192.168.2.0/24      [150,100] via 192.168.4.2(on FastEthernet0/0)
C       192.168.3.0/24      is directly connected, FastEthernet0/3
C       192.168.4.0/24      is directly connected, FastEthernet0/0
```

R3已经完整了，再来看看R1有没有变化？答案是依然没有变化，它的路由表完整性是依赖R2通过RIP传递的，而RIP传递的消息并没有包含其他远端网络，因此还需要在R2中作RIP进程中的重发布。根据前面的步骤可知，和OSPF进程一样，RIP进程同样需要将OSPF和直连网络重发布进来，过程如下。

```
R2_config#router rip
R2_config_rip#redistribute ospf 1
R2_config_rip#redistribute connect
R2_config_rip#exit
```

此时再查看R1的路由表，如下所示。

```
R1_config#show ip route
Codes: C - connected, S - static, R - RIP, B - BGP, BC - BGP connected
        D - DEIGRP, DEX - external DEIGRP, O - OSPF, OIA - OSPF inter area
        ON1 - OSPF NSSA external type 1, ON2 - OSPF NSSA external type 2
        OE1 - OSPF external type 1, OE2 - OSPF external type 2
        DHCP - DHCP type

VRF ID: 0

C       192.168.1.0/24      is directly connected, FastEthernet0/3
C       192.168.2.0/24      is directly connected, FastEthernet0/0
R       192.168.3.0/24      [120,1] via 192.168.2.2(on FastEthernet0/0)
R       192.168.4.0/24      [120,1] via 192.168.2.2(on FastEthernet0/0)
R1_config#
```

此时，从终端测试连通性，可以连通，实验完成。

9. 完整配置文档

```
------------------------------R1------------------------------
R1# show running-config
Building configuration...
```

```
------------------------------R2------------------------------
R2 # show running-config
Building configuration...
```

```
Current configuration:
!
!version 1.3.3G
service timestamps log date
service timestamps debug date
no service password-encryption
!
hostname R1
!
gbsc group default
!
interface FastEthernet0/0
 ip address 192.168.2.1 255.255.255.0
 no ip directed-broadcast
!
interface FastEthernet0/3
 ip address 192.168.1.1 255.255.255.0
 no ip directed-broadcast
!
interface Serial0/1
 no ip address
 no ip directed-broadcast
!
interface Serial0/2
 no ip address
 no ip directed-broadcast
!
interface Async0/0
 no ip address
 no ip directed-broadcast
!
router rip
 version 2
 network 192.168.1.0 255.255.255.0
 network 192.168.2.0 255.255.255.0
```

```
Current configuration:
!
!version 1.3.3G
service timestamps log date
service timestamps debug date
no service password-encryption
!
hostname R2
!
gbsc group default
!
interface FastEthernet0/0
 ip address 192.168.2.2 255.255.255.0
 no ip directed-broadcast
!
interface FastEthernet0/1
 ip address 192.168.4.2 255.255.255.0
 no ip directed-broadcast
!
interface Serial0/2
 no ip address
 no ip directed-broadcast
!
interface Serial0/3
 no ip address
 no ip directed-broadcast
!
interface Async0/0
 no ip address
 no ip directed-broadcast
!
router rip
 version 2
 network 192.168.2.0 255.255.255.0
 redistribute connect
 redistribute ospf 1
 !
router ospf 1
 network 192.168.4.0 255.255.255.0 area 0
 redistribute connect
 redistribute rip
!
```

```
------------------------------R3------------------------------
R3# show running-config
Building configuration...

Current configuration:
!
!version 1.3.3G
service timestamps log date
service timestamps debug date
no service password-encryption
!
hostname R3
!
gbsc group default
!
interface FastEthernet0/0
 ip address 192.168.4.1 255.255.255.0
 no ip directed-broadcast
!
interface FastEthernet0/3
 ip address 192.168.3.1 255.255.255.0
 no ip directed-broadcast
!
interface Serial0/1
 no ip address
 no ip directed-broadcast
!
interface Serial0/2
 no ip address
 no ip directed-broadcast
!
interface Async0/0
 no ip address
 no ip directed-broadcast
!
router ospf 1
 network 192.168.4.0 255.255.255.0 area 0
 network 192.168.3.0 255.255.255.0 area 0
!
```

10. 案例总结

当网络拓扑比较复杂，运行RIP和OSPF多种动态路由协议时，只有在不同的动态路由协议内重新发布对方协议中的路由，才能实现网络的相互通信。在这个过程中，可以仅在OSPF路由协议中重新发布RIP路由，给RIP去往OSPF指一条默认路由，实现最终的网络需求。

11. 共同思考

OSPF中对自治系统外部路由的标示有两类，一类是OE1/OE2，另一类是ON1/ON2，这两类的区别在哪里？1与2的区别又在哪里？

12. 课后练习

1）案例拓扑图如图18-2所示。

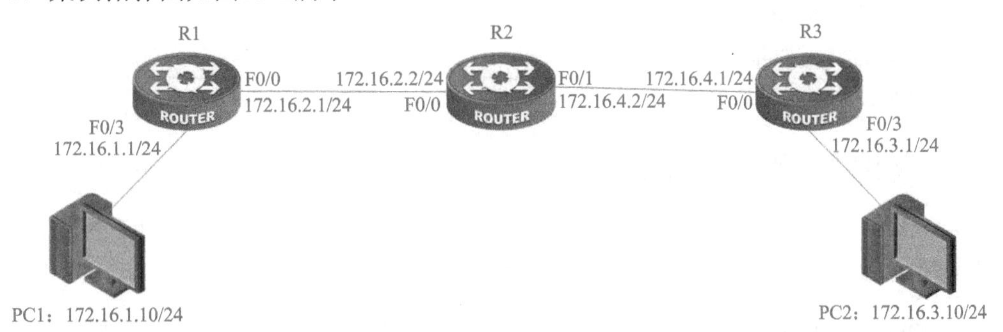

图18-2　案例拓扑图

2）案例要求：按照图18-2配置拓扑，重做实验，验证结果。

案例19　多点重发布路由过滤

1. 知识点回顾

熟练控制路径选择是一个DCNP必须掌握的技巧，使用路由过滤不让产生环路的路由条目进入目标路由器，这样也就不会产生次优路径了，因为到达一个目的网络，路由器根本就没有两条路可以选择。这里将使用访问控制列表（ACL）来定义所需过滤的网络，使得网络管理员对网络拥有更加精细的控制。

2. 案例目的

- 理解路由过滤的作用。
- 学会使用过滤列表。

3. 应用环境

如果不使用路由过滤，则在有路由协议重发布的环境中容易引起重发布的环路，进而引发不正确的路由信息的传递。路由过滤的设置可以减少这种情况的发生。

4. 设备需求

- 路由器4台。
- 网线若干。

5. 案例拓扑

多点重发布路由过滤案例拓扑图如图19-1所示。

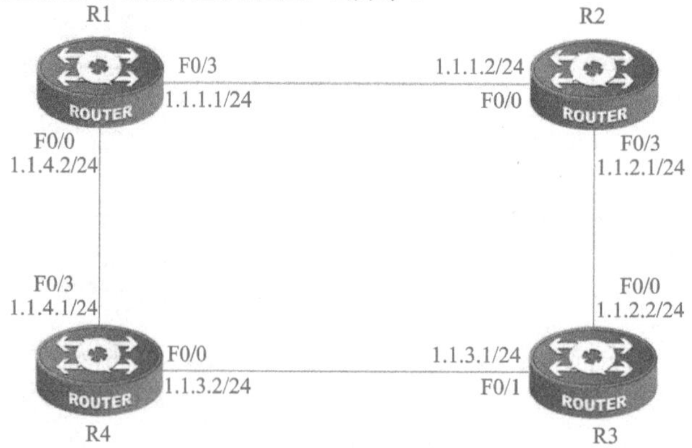

图19-1　多点重发布路由过滤案例拓扑图

6. 案例需求

1）按照图19-1配置基础实验，测试连通性。

2）配置R1和R3，做RIP和OSPF的协议边界，其中R1和R3负责OSPF和RIP的互相注入。R2和R4分别只配置RIP和OSPF协议，在R2和R4路由器中分别创建两个终端网络。

3）查看路由表，发现问题。

4）使用路由过滤解决问题。

7. 实现步骤

1）配置基础网络，过程如下。

本实验所有的终端网络都使用Loopback接口表示，配置192.168.x.0网络（x=路由器标号）。

```
------------------------------R1------------------------------
Router_config#hostname R1
R1_config#interface fastEthernet 0/3
R1_config_f0/3#ip address 1.1.1.1 255.255.255.0
R1_config#interface fastEthernet 0/0
R1_config_f0/0#ip address 1.1.4.2 255.255.255.0
R1#
------------------------------R2------------------------------
Router_config#hostname R2
R2_config#interface fastEthernet 0/0
R2_config_f0/0#ip address 1.1.1.2 255.255.255.0
R2_config#interface fastEthernet 0/3
R2_config_f0/3#ip address 1.1.2.1 255.255.255.0
R2_config#interface loopback 0
R2_config_l0#ip address 192.168.2.1 255.255.255.0
R2_config#

------------------------------R3------------------------------
Router_config#hostname R3
R3_config#interface fastEthernet 0/0
R3_config_f0/0#ip address 1.1.2.2 255.255.255.0
R3_config#interface fastEthernet 0/1
R3_config_f0/1#ip address 1.1.3.1 255.255.255.0
R3_config#ping 1.1.2.1
PING 1.1.2.1 (1.1.2.1): 56 data bytes
```

扫码看视频

```
!!!!!
--- 1.1.2.1 ping statistics ---
5 packets transmitted, 5 packets received, 0% packet loss
round-trip min/avg/max = 0/0/0 ms
R3_config#

------------------------------R4------------------------------
Router_config#hostname R4
R4_config#interface fastEthernet 0/0
R4_config_f0/0#ip address 1.1.3.2 255.255.255.0
R4_config#interface fastEthernet 0/3
R4_config_f0/3#ip address 1.1.4.1 255.255.255.0
R4_config#interface loopback 0
R4_config_l0#ip address 192.168.4.1 255.255.255.0
R4_config_l0#exit

R4_config#ping 1.1.4.2
PING 1.1.4.2 (1.1.4.2): 56 data bytes
!!!!!
--- 1.1.4.2 ping statistics ---
5 packets transmitted, 5 packets received, 0% packet loss
round-trip min/avg/max = 0/0/0 ms
R4_config#
```

在操作过程中陆续测试链路的连通性，表示当前所有单个链路已经全部连通。

2）配置路由环境。

R1配置RIP和OSPF混合环境，将各自相邻的网络发布进各自的进程即可，过程如下。

```
------------------------------R1------------------------------
R1_config#router rip
R1_config_rip#network 1.1.4.0 255.255.255.0
R1_config_rip#version 2
R1_config_rip#exit
R1_config#router ospf 1
R1_config_ospf_1#network 1.1.1.0 255.255.255.0 area 0
R1_config_ospf_1#exit
------------------------------R2------------------------------
R2_config#router ospf 1
R2_config_ospf_1#network 1.1.1.0 255.255.255.0 area 0
R2_config_ospf_1#network 1.1.2.0 255.255.255.0 area 0
R2_config_ospf_1#exit
R2_config#exit
```

```
------------------------------R3------------------------------
R3_config#router ospf 1
R3_config_ospf_1#network 1.1.2.0 255.255.255.0 area 0
R3_config_ospf_1#exit
R3_config#router rip
R3_config_rip#network 1.1.3.0 255.255.255.0
R3_config_rip#version 2
R3_config_rip#exit
R3_config#
------------------------------R4------------------------------
R4_config#router rip
R4_config_rip#network 1.1.3.0 255.255.255.0
R4_config_rip#network 1.1.4.0 255.255.255.0
R4_config_rip#version 2
R4_config_rip#exit
```

查看各自的路由表。

```
------------------------------R1------------------------------
R1#show ip route
Codes: C - connected, S - static, R - RIP, B - BGP, BC - BGP connected
       D - DEIGRP, DEX - external DEIGRP, O - OSPF, OIA - OSPF inter area
       ON1 - OSPF NSSA external type 1, ON2 - OSPF NSSA external type 2
       OE1 - OSPF external type 1, OE2 - OSPF external type 2
       DHCP - DHCP type

VRF ID: 0

C    1.1.1.0/24       is directly connected, FastEthernet0/3
O    1.1.2.0/24       [110,2] via 1.1.1.2(on FastEthernet0/3)
R    1.1.3.0/24       [120,1] via 1.1.4.1(on FastEthernet0/0)
C    1.1.4.0/24       is directly connected, FastEthernet0/0
R    192.168.4.0/24   [120,1] via 1.1.4.1(on FastEthernet0/0)
R1#
------------------------------R2------------------------------
R2#show ip route
Codes: C - connected, S - static, R - RIP, B - BGP, BC - BGP connected
       D - DEIGRP, DEX - external DEIGRP, O - OSPF, OIA - OSPF inter area
       ON1 - OSPF NSSA external type 1, ON2 - OSPF NSSA external type 2
       OE1 - OSPF external type 1, OE2 - OSPF external type 2
       DHCP - DHCP type
```

```
VRF ID: 0

C       1.1.1.0/24          is directly connected, FastEthernet0/0
C       1.1.2.0/24          is directly connected, FastEthernet0/3
C       192.168.2.0/24      is directly connected, Loopback0
R2#
------------------------------R3------------------------------
R3#show ip route
Codes: C - connected, S - static, R - RIP, B - BGP, BC - BGP connected
       D - DEIGRP, DEX - external DEIGRP, O - OSPF, OIA - OSPF inter area
       ON1 - OSPF NSSA external type 1, ON2 - OSPF NSSA external type 2
       OE1 - OSPF external type 1, OE2 - OSPF external type 2
       DHCP - DHCP type

VRF ID: 0

O       1.1.1.0/24          [110,2] via 1.1.2.1(on FastEthernet0/0)
C       1.1.2.0/24          is directly connected, FastEthernet0/0
C       1.1.3.0/24          is directly connected, FastEthernet0/1
R       1.1.4.0/24          [120,1] via 1.1.3.2(on FastEthernet0/1)
R3#
------------------------------R4------------------------------
R4#show ip route
Codes: C - connected, S - static, R - RIP, B - BGP, BC - BGP connected
       D - DEIGRP, DEX - external DEIGRP, O - OSPF, OIA - OSPF inter area
       ON1 - OSPF NSSA external type 1, ON2 - OSPF NSSA external type 2
       OE1 - OSPF external type 1, OE2 - OSPF external type 2
       DHCP - DHCP type

VRF ID: 0

C       1.1.3.0/24          is directly connected, FastEthernet0/0
C       1.1.4.0/24          is directly connected, FastEthernet0/3
C       192.168.4.0/24      is directly connected, Loopback0
R4#
```

3）配置重发布。

先来配置R1的重发布，配置过程如下。

```
R1_config#router rip
R1_config_rip#redistribute connect
R1_config_rip#redistribute ospf 1
```

```
R1_config_rip#exit
R1_config#router ospf 1
R1_config_ospf_1#redistribute connect
R1_config_ospf_1#redistribute rip
R1_config_ospf_1#exit
R1_config#
```

稳定以后，查看路由表状态如下。

```
R1_config#show ip route
Codes: C - connected, S - static, R - RIP, B - BGP, BC - BGP connected
         D - DEIGRP, DEX - external DEIGRP, O - OSPF, OIA - OSPF inter area
         ON1 - OSPF NSSA external type 1, ON2 - OSPF NSSA external type 2
         OE1 - OSPF external type 1, OE2 - OSPF external type 2
         DHCP - DHCP type

VRF ID: 0

C        1.1.1.0/24          is directly connected, FastEthernet0/3
O        1.1.2.0/24          [110,2] via 1.1.1.2(on FastEthernet0/3)
R        1.1.3.0/24          [120,1] via 1.1.4.1(on FastEthernet0/0)
C        1.1.4.0/24          is directly connected, FastEthernet0/0
O E2     192.168.2.0/24      [150,100] via 1.1.1.2(on FastEthernet0/3)
R        192.168.4.0/24      [120,1] via 1.1.4.1(on FastEthernet0/0)
R1_config#
```

分析路由表，对192.168.2.0是通过OSPF学习到的OE2类型，这是因为它是通过OSPF的直连路由重分布进入OSPF协议的，因此被OSPF协议认为是自治系统外部路由。

再来看R2、R3和R4的路由表情况。

```
R3#show ip route
Codes: C - connected, S - static, R - RIP, B - BGP, BC - BGP connected
         D - DEIGRP, DEX - external DEIGRP, O - OSPF, OIA - OSPF inter area
         ON1 - OSPF NSSA external type 1, ON2 - OSPF NSSA external type 2
         OE1 - OSPF external type 1, OE2 - OSPF external type 2
         DHCP - DHCP type

VRF ID: 0

O        1.1.1.0/24          [110,2] via 1.1.2.1(on FastEthernet0/0)
C        1.1.2.0/24          is directly connected, FastEthernet0/0
C        1.1.3.0/24          is directly connected, FastEthernet0/1
R        1.1.4.0/24          [120,1] via 1.1.3.2(on FastEthernet0/1)
R        192.168.2.0/24      [120,2] via 1.1.3.2(on FastEthernet0/1)
```

```
R        192.168.4.0/24        [120,1] via 1.1.3.2(on FastEthernet0/1)
R3#
```

这里注意，在R3中的192.168.2.0的路由是通过RIP从R4走的，这不太正常，分析原因是：由于R3和R2之间通过OSPF学习路由，这样从R2学习的192.168.2.0路由的管理距离值是150，而从RIP通过R1的重分布学到的路由的管理距离值却是120，因此R3会毫不犹豫地选择RIP学习到的路由。

解决这个问题的最好办法是设置一个路由过滤，将从F0/1端口学习到的192.168.2.0网络的路由过滤掉。

```
R3#config
R3_config#ip access-list standard ?
  WORD          -- Standard Access-list name
R3_config#ip access-list standard for_rip
R3_config_std_nacl#deny 192.168.2.0 255.255.255.0
R3_config_std_nacl#permit any
R3_config_std_nacl#exit
R3_config#router rip
R3_config_rip#
R3_config_rip#filter ?
  FastEthernet          -- FastEthernet interface
  Serial                -- Serial interface
  Async                 -- Asynchronous interface
  *                     -- All interface
R3_config_rip#filter fastEthernet 0/1 ?
  in            -- Filter incoming routing updates
  out           -- Filter outgoing routing updates
R3_config_rip#filter fastEthernet 0/1 in ?
  access-list           -- Filter routes by access-list
  gateway               -- Filter gateway by access-list
  prefix-list           -- Filter routes by prefix-list
R3_config_rip#filter fastEthernet 0/1 in access-list for_rip ?
  gateway               -- Filter gateway by access-list
<cr>
R3_config_rip#filter fastEthernet 0/1 in access-list for_rip
R3_config_rip#exit
R3_config#exit
```

此时把F0/1端口shutdown，然后再no shutdown，等路由稳定后，就得出了如下的路由表。

```
R3#show ip route
Codes: C - connected, S - static, R - RIP, B - BGP, BC - BGP connected
       D - DEIGRP, DEX - external DEIGRP, O - OSPF, OIA - OSPF inter area
```

```
        ON1 - OSPF NSSA external type 1, ON2 - OSPF NSSA external type 2
        OE1 - OSPF external type 1, OE2 - OSPF external type 2
        DHCP - DHCP type

VRF ID: 0

O       1.1.1.0/24          [110,2] via 1.1.2.1(on FastEthernet0/0)
C       1.1.2.0/24          is directly connected, FastEthernet0/0
C       1.1.3.0/24          is directly connected, FastEthernet0/1
R       1.1.4.0/24          [120,1] via 1.1.3.2(on FastEthernet0/1)
O E2    192.168.2.0/24      [150,100] via 1.1.2.1(on FastEthernet0/0)
R       192.168.4.0/24      [120,1] via 1.1.3.2(on FastEthernet0/1)
R3#
```

注意到，192.168.2.0已经通过优化了。

查看R2和R4的路由表，结果如下。

```
R2#
R2#show ip route
Codes: C - connected, S - static, R - RIP, B - BGP, BC - BGP connected
        D - DEIGRP, DEX - external DEIGRP, O - OSPF, OIA - OSPF inter area
        ON1 - OSPF NSSA external type 1, ON2 - OSPF NSSA external type 2
        OE1 - OSPF external type 1, OE2 - OSPF external type 2
        DHCP - DHCP type

VRF ID: 0

C       1.1.1.0/24          is directly connected, FastEthernet0/0
C       1.1.2.0/24          is directly connected, FastEthernet0/3
O E2    1.1.3.0/24          [150,100] via 1.1.1.1(on FastEthernet0/0)
O E2    1.1.4.0/24          [150,100] via 1.1.1.1(on FastEthernet0/0)
C       192.168.2.0/24      is directly connected, Loopback0
O E2    192.168.4.0/24      [150,100] via 1.1.1.1(on FastEthernet0/0)
R2#

R4#show ip route
Codes: C - connected, S - static, R - RIP, B - BGP, BC - BGP connected
        D - DEIGRP, DEX - external DEIGRP, O - OSPF, OIA - OSPF inter area
        ON1 - OSPF NSSA external type 1, ON2 - OSPF NSSA external type 2
        OE1 - OSPF external type 1, OE2 - OSPF external type 2
        DHCP - DHCP type
```

```
VRF ID: 0

R       1.1.1.0/24          [120,1] via 1.1.4.2(on FastEthernet0/3)
R       1.1.2.0/24          [120,1] via 1.1.4.2(on FastEthernet0/3)
C       1.1.3.0/24          is directly connected, FastEthernet0/0
C       1.1.4.0/24          is directly connected, FastEthernet0/3
R       192.168.2.0/24      [120,1] via 1.1.4.2(on FastEthernet0/3)
C       192.168.4.0/24      is directly connected, Loopback0
R4#
```

上述两个路由器表中的黑体部分的路由显然不是最优路径，分析原因：因为只在R1中做路由重分布，因此对于黑体部分的网络路由只通过R1学习到，下一跳就只能是R1了。虽然实际上有更好的路由选择，但对R2和R4来说，也只能这么走，因为R3没有开口。可以在R3中增加重分布来解决这个问题。

```
R3_config#router rip
R3_config_rip#redistribute connect
R3_config_rip#redistribute ospf 1
R3_config_rip#exit
R3_config#router ospf 1
R3_config_ospf_1#redistribute connect
R3_config_ospf_1#redistribute rip
R3_config_ospf_1#exit
R3_config#exit
```

路由稳定后，再次查看R2和R4的路由表。

```
R2#show ip route
Codes: C - connected, S - static, R - RIP, B - BGP, BC - BGP connected
       D - DEIGRP, DEX - external DEIGRP, O - OSPF, OIA - OSPF inter area
       ON1 - OSPF NSSA external type 1, ON2 - OSPF NSSA external type 2
       OE1 - OSPF external type 1, OE2 - OSPF external type 2
       DHCP - DHCP type

VRF ID: 0

C       1.1.1.0/24          is directly connected, FastEthernet0/0
C       1.1.2.0/24          is directly connected, FastEthernet0/3
O E2    1.1.3.0/24          [150,100] via 1.1.2.2(on FastEthernet0/3)
                             [150,100] via 1.1.1.1(on FastEthernet0/0)
O E2    1.1.4.0/24          [150,100] via 1.1.2.2(on FastEthernet0/3)
                             [150,100] via 1.1.1.1(on FastEthernet0/0)
C       192.168.2.0/24      is directly connected, Loopback0
O E2    192.168.4.0/24      [150,100] via 1.1.2.2(on FastEthernet0/3)
```

```
                    [150,100] via 1.1.1.1(on FastEthernet0/0)
R2#

R4#show ip route
Codes: C - connected, S - static, R - RIP, B - BGP, BC - BGP connected
       D - DEIGRP, DEX - external DEIGRP, O - OSPF, OIA - OSPF inter area
       ON1 - OSPF NSSA external type 1, ON2 - OSPF NSSA external type 2
       OE1 - OSPF external type 1, OE2 - OSPF external type 2
       DHCP - DHCP type

VRF ID: 0

R     1.1.1.0/24        [120,1] via 1.1.3.1(on FastEthernet0/0)
                         [120,1] via 1.1.4.2(on FastEthernet0/3)
R     1.1.2.0/24        [120,1] via 1.1.3.1(on FastEthernet0/0)
                         [120,1] via 1.1.4.2(on FastEthernet0/3)
C     1.1.3.0/24        is directly connected, FastEthernet0/0
C     1.1.4.0/24        is directly connected, FastEthernet0/3
R     192.168.2.0/24    [120,1] via 1.1.3.1(on FastEthernet0/0)
                         [120,1] via 1.1.4.2(on FastEthernet0/3)
C     192.168.4.0/24    is directly connected, Loopback0
R4#
```

上述路由表说明从R1和R3重发布进的路由都具有相同的管理距离和度量值，因此它们将学到的路由并列写到路由表做负载均衡，但实际情况如何？

仔细分析上面两台路由表的黑体部分，发现其实它们认为均衡的这两条路由其实并不均衡，如果能够对学习的路由做适当过滤就好了。下面对R2和R4的路由做如下过滤。

对于R2，应该过滤从F0/0接口到来的关于1.1.3.0网络路由，还应该过滤从F0/1口到来的关于1.1.4.0网络路由。具体过程如下。

```
R2_config#ip access-list standard for_f0/0
R2_config_std_nacl#deny    1.1.3.0 255.255.255.0
R2_config_std_nacl#permit any
R2_config_std_nacl#exit
R2_config#ip access-list standard for_f0/3
R2_config_std_nacl#deny 1.1.4.0 255.255.255.0
R2_config_std_nacl#permit any
R2_config_std_nacl#exit
R2_config#router ospf 1
R2_config_ospf_1#filter f0/0 in access-list for_f0/0
R2_config_ospf_1#filter f0/3 in access-list for_f0/3
```

```
R2_config_ospf_1#exit
```

此时再次查看路由表，得到结果如下。

```
R2#show ip route
Codes: C - connected, S - static, R - RIP, B - BGP, BC - BGP connected
       D - DEIGRP, DEX - external DEIGRP, O - OSPF, OIA - OSPF inter area
       ON1 - OSPF NSSA external type 1, ON2 - OSPF NSSA external type 2
       OE1 - OSPF external type 1, OE2 - OSPF external type 2
       DHCP - DHCP type

VRF ID: 0

C     1.1.1.0/24        is directly connected, FastEthernet0/0
C     1.1.2.0/24        is directly connected, FastEthernet0/3
O E2  1.1.3.0/24        [150,100] via 1.1.2.2(on FastEthernet0/3)
O E2  1.1.4.0/24        [150,100] via 1.1.1.1(on FastEthernet0/0)
C     192.168.2.0/24    is directly connected, Loopback0
O E2  192.168.4.0/24    [150,100] via 1.1.2.2(on FastEthernet0/3)
                         [150,100] via 1.1.1.1(on FastEthernet0/0)
R2#
```

与我们对网络的分析一致了。

对R4的路由过滤依此进行，过程如下。

```
R4_config#ip access-list standard for_f0/0
R4_config_std_nacl#deny 1.1.2.0 255.255.255.0
R4_config_std_nacl#permit any
R4_config_std_nacl#exit
R4_config#ip access-list standard for_f0/3
R4_config_std_nacl#deny 1.1.1.0 255.255.255.0
R4_config_std_nacl#permit any
R4_config_std_nacl#exit
R4_config#router rip
R4_config_rip#filter f0/0 in access-list for_f0/0
R4_config_rip#filter f0/3 in access-list for_f0/3
R4_config_rip#exit
```

此时再次查看R4的路由表，已经正常了。

```
R4#show ip route
Codes: C - connected, S - static, R - RIP, B - BGP, BC - BGP connected
       D - DEIGRP, DEX - external DEIGRP, O - OSPF, OIA - OSPF inter area
       ON1 - OSPF NSSA external type 1, ON2 - OSPF NSSA external type 2
       OE1 - OSPF external type 1, OE2 - OSPF external type 2
```

```
        DHCP - DHCP type

VRF ID: 0

R       1.1.1.0/24          [120,1] via 1.1.3.1(on FastEthernet0/0)
R       1.1.2.0/24          [120,1] via 1.1.4.2(on FastEthernet0/3)
C       1.1.3.0/24          is directly connected, FastEthernet0/0
C       1.1.4.0/24          is directly connected, FastEthernet0/3
R       192.168.2.0/24      [120,1] via 1.1.3.1(on FastEthernet0/0)
                             [120,1] via 1.1.4.2(on FastEthernet0/3)
C       192.168.4.0/24      is directly connected, Loopback0
R4#
```

接下来查看R1的路由表。

```
R1#show ip route
Codes: C - connected, S - static, R - RIP, B - BGP, BC - BGP connected
        D - DEIGRP, DEX - external DEIGRP, O - OSPF, OIA - OSPF inter area
        ON1 - OSPF NSSA external type 1, ON2 - OSPF NSSA external type 2
        OE1 - OSPF external type 1, OE2 - OSPF external type 2
        DHCP - DHCP type

VRF ID: 0

C       1.1.1.0/24          is directly connected, FastEthernet0/3
O       1.1.2.0/24          [110,2] via 1.1.1.2(on FastEthernet0/3)
R       1.1.3.0/24          [120,1] via 1.1.4.1(on FastEthernet0/0)
C       1.1.4.0/24          is directly connected, FastEthernet0/0
O E2    192.168.2.0/24      [150,100] via 1.1.1.2(on FastEthernet0/3)
R       192.168.4.0/24      [120,1] via 1.1.4.1(on FastEthernet0/0)
R1#
```

一切正常，本实验结束。

8. 注意事项和排错

- 本实验使用了路由过滤的方式解决次优路由的选择问题，但这样也带来了一些影响，如负载均衡不再有效。
- 在做访问列表时，由于使用了拒绝的命令，因此不要忽略增加的pemit any语句，否则实验肯定失败。
- 访问列表名字是区分大小写的，如果引用的名字和定义的名字大小写不同，则也会造成实验失败。

9. 完整配置文档

```
------------------------------R1------------------------------
R1# show running-config
Building configuration...

Current configuration:
!
!version 1.3.3G
service timestamps log date
service timestamps debug date
no service password-encryption
!
hostname R1
!

gbsc group default
!
interface FastEthernet0/0
 ip address 1.1.4.2 255.255.255.0
 no ip directed-broadcast
!
interface FastEthernet0/3
 ip address 1.1.1.1 255.255.255.0
 no ip directed-broadcast
!
interface Serial0/1
 no ip address
 no ip directed-broadcast
!
interface Serial0/2
 no ip address
 no ip directed-broadcast
!
interface Async0/0
 no ip address
 no ip directed-broadcast
!
router rip
```

```
------------------------------R2------------------------------
R2# show running-config
Building configuration...

Current configuration:
!
!version 1.3.3G
service timestamps log date
service timestamps debug date
no service password-encryption
!
hostname R2
!
gbsc group default
!
interface Loopback0
 ip address 192.168.2.1 255.255.255.0
 no ip directed-broadcast
!
interface FastEthernet0/0
 ip address 1.1.1.2 255.255.255.0
 no ip directed-broadcast
!
interface FastEthernet0/3
 ip address 1.1.2.1 255.255.255.0
 no ip directed-broadcast
!
interface Serial0/1
 no ip address
 no ip directed-broadcast
!
interface Serial0/2
 no ip address
 no ip directed-broadcast
!
interface Async0/0
 no ip address
```

```
 version 2
 network 1.1.4.0 255.255.255.0
 redistribute ospf 1
 redistribute connect

!
router ospf 1
 network 1.1.1.0 255.255.255.0 area 0
 redistribute rip
 redistribute connect
!
```

```
 no ip directed-broadcast
!
router ospf 1
 network 1.1.1.0 255.255.255.0 area 0
 network 1.1.2.0 255.255.255.0 area 0
 filter FastEthernet0/3 in access-list for_f0/1
 filter FastEthernet0/0 in access-list for_f0/0
 redistribute connect
!
ip access-list standard FOR_F0/0
 deny    1.1.3.0 255.255.255.0
 permit any
!
ip access-list standard for_f0/0
 deny    1.1.3.0 255.255.255.0
 permit any
!
ip access-list standard for_f0/1
 deny    1.1.4.0 255.255.255.0
 permit any
!
```

```
------------------------------R3------------------------------
R3# show running-config
Building configuration...

Current configuration:
!
!version 1.3.3G
service timestamps log date
service timestamps debug date
no service password-encryption
!
hostname R3
!
gbsc group default
!

interface FastEthernet0/0
 ip address 1.1.2.2 255.255.255.0
 no ip directed-broadcast
!
```

```
------------------------------R4------------------------------
R4# show running-config
Building configuration...

Current configuration:
!
!version 1.3.3G
service timestamps log date
service timestamps debug date
no service password-encryption
!
hostname R4
!
gbsc group default

interface Loopback0
 ip address 192.168.4.1 255.255.255.0
 no ip directed-broadcast
!
interface FastEthernet0/0
```

```
interface FastEthernet0/1
 ip address 1.1.3.1 255.255.255.0
 no ip directed-broadcast
!
interface Serial0/2
 no ip address
 no ip directed-broadcast
!
interface Serial0/3
 no ip address
 no ip directed-broadcast
!
interface Async0/0
 no ip address
 no ip directed-broadcast
!
router rip
 version 2
 filter FastEthernet0/1 in access-list for_rip
 network 1.1.3.0 255.255.255.0
 redistribute ospf 1
 redistribute connect
 !
router ospf 1
 network 1.1.2.0 255.255.255.0 area 0
 redistribute rip
 redistribute connect
!
ip access-list standard for_rip
 deny    192.168.2.0 255.255.255.0
 permit any
!
 ip address 1.1.3.2 255.255.255.0
 no ip directed-broadcast
!
interface FastEthernet0/3
 ip address 1.1.4.1 255.255.255.0
 no ip directed-broadcast
!
interface Serial0/1
 no ip address
 no ip directed-broadcast
!
interface Serial0/2
 no ip address
 no ip directed-broadcast
!
interface Async0/0
 no ip address
 no ip directed-broadcast
!
router rip
 version 2
 filter FastEthernet0/3 in access-list for_f0/3
 filter FastEthernet0/0 in access-list for_f0/0
 network 1.1.3.0 255.255.255.0
 network 1.1.4.0 255.255.255.0
 redistribute connect

ip access-list standard for_f0/0
 deny    1.1.2.0 255.255.255.0
 permit any
!
ip access-list standard for_f0/3
 deny    1.1.1.0 255.255.255.0
 permit any
```

10. 案例总结

路由过滤分为两部分，一部分是利用访问控制列表匹配数据流，如果只匹配源，则可使用标准访问控制列表；如果匹配源和目的及端口号，则可使用扩展访问控制列表。另一部分就是需要将其调用在适当的接口上，最终完成实验需求中路由的过滤。

11. 共同思考

思考如何使用管理距离值的调整解决次优路由的问题。

12. 课后练习

1）案例拓扑图如图19-2所示。

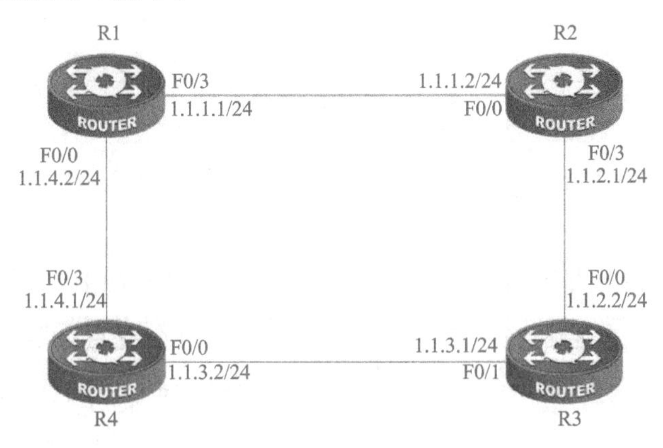

图19-2　案例拓扑图

2）案例要求：配置路由重分布时，首先配置R1路由器，完成后续步骤。查看是否与本实验的实现过程一致。

案例20　基于源地址的策略路由

1. 知识点回顾

PBR（Policy Based Routing，策略路由）提供给人们一种全新的数据转发依据，和传统的路由协议完全不同。

路由策略都是使用从路由协议学习而来的路由表，根据路由表的目的地址进行报文的转发。在这种机制下，路由器只能根据报文的目的地址为用户提供比较单一的路由方式，它更多的是解决网络数据的转发问题，而不是提供有差别的服务。

2. 案例目的

- 理解策略路由的功能。
- 掌握基于源地址的策略路由的配置方法。

3. 应用环境

从局域网去往广域网的流量有时需要进行分流，既区别了不同用户又进行了负载分担，有时这种目标是通过对不同的源地址进行区别对待完成的。

4. 设备需求

- 路由器3台。
- 计算机1台。
- 网线若干。

5. 案例拓扑

基于源地址的策略路由案例拓扑图如图20-1所示。

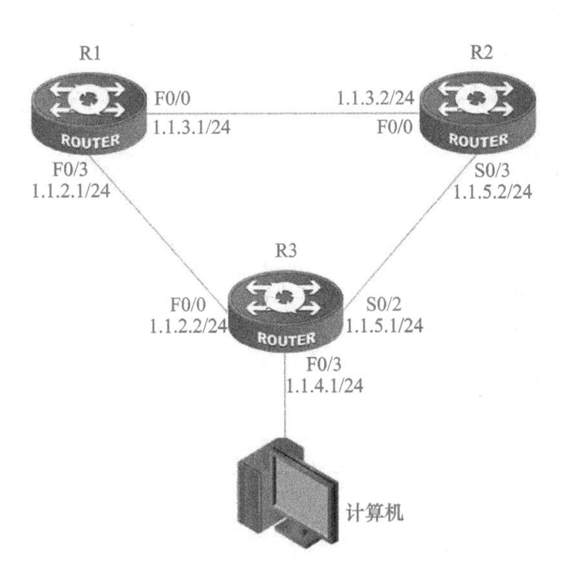

图20-1　基于源地址的策略路由案例拓扑图

6. 案例需求

1）按照图20-1配置基础网络环境，全网使用OSPF单区域完成路由的连通。

2）在R3中使用策略路由，使来自1.1.4.10的源地址去往外网的路由从1.1.2.1走，而来自1.1.4.20的源地址的数据从1.1.5.2的路径走。

3）跟踪从1.1.4.10去往1.1.1.10的数据路由。

4）将1.1.4.10地址改为1.1.4.20，再次跟踪路由。

7. 实现步骤

1）配置基础网络环境。

```
------------------------------R1------------------------------
Router_config#hostname R1
R1_config#interface fastEthernet 0/0
R1_config_f0/0#ip address 1.1.3.1 255.255.255.0
R1_config#interface fastEthernet 0/3
R1_config_f0/3#ip address 1.1.2.1 255.255.255.0
R1_config#interface loopback 0
R1_config_l0#ip address 1.1.1.1 255.255.255.0
------------------------------R2------------------------------
Router_config#hostname R2
R2_config#interface fastEthernet 0/0
R2_config_f0/0#ip address 1.1.3.2 255.255.255.0
```

```
R2_config#interface serial 0/3
R2_config_s0/3#physical-layer speed 64000
R2_config_s0/3#ip address 1.1.5.1 255.255.255.0
------------------------------R3------------------------------
Router_config#hostname R3
R3_config#interface fastEthernet 0/0
R3_config_f0/0#ip address 1.1.2.2 255.255.255.0
R3_config#interface fastEthernet 0/3
R3_config_f0/3#ip address 1.1.4.1 255.255.255.0
R3_config#interface serial 0/2
R3_config_s0/2#ip address 1.1.5.2 255.255.255.0
```

测试链路的连通性。

```
------------------------------R2------------------------------
R2#ping 1.1.3.1
PING 1.1.3.1 (1.1.3.1): 56 data bytes
!!!!!
--- 1.1.3.1 ping statistics ---
5 packets transmitted, 5 packets received, 0% packet loss
round-trip min/avg/max = 0/0/0 ms
R2#ping 1.1.5.2
PING 1.1.5.2 (1.1.5.2): 56 data bytes
!!!!!
--- 1.1.5.2 ping statistics ---
5 packets transmitted, 5 packets received, 0% packet loss
round-trip min/avg/max = 0/0/0 ms
R2#
------------------------------R3------------------------------
R3#ping 1.1.2.1
PING 1.1.2.1 (1.1.2.1): 56 data bytes
!!!!!
--- 1.1.2.1 ping statistics ---
5 packets transmitted, 5 packets received, 0% packet loss
round-trip min/avg/max = 0/0/0 ms
R3#
```

表示单条链路都可以连通。

2）配置路由环境，使用OSPF单区域配置。

```
------------------------------R1------------------------------
R1_config#router ospf 1
R1_config_ospf_1#network 1.1.3.0 255.255.255.0 area 0
R1_config_ospf_1#network 1.1.2.0 255.255.255.0 area 0
```

```
R1_config_ospf_1#redistribute connect
------------------------------R2------------------------------
R2_config#router ospf 1
R2_config_ospf_1#network 1.1.3.0 255.255.255.0 area 0
R2_config_ospf_1#network 1.1.5.0 255.255.255.0 area 0
R2_config_ospf_1#redistribute connect
------------------------------R3------------------------------
R3_config#router ospf 1
R3_config_ospf_1#network 1.1.2.0 255.255.255.0 area 0
R3_config_ospf_1#network 1.1.5.0 255.255.255.0 area 0
R3_config_ospf_1#redistribute connect
```

查看路由表如下：

```
------------------------------R1------------------------------
R1#show ip route
Codes: C - connected, S - static, R - RIP, B - BGP, BC - BGP connected
       D - DEIGRP, DEX - external DEIGRP, O - OSPF, OIA - OSPF inter area
       ON1 - OSPF NSSA external type 1, ON2 - OSPF NSSA external type 2
       OE1 - OSPF external type 1, OE2 - OSPF external type 2
       DHCP - DHCP type

VRF ID: 0

C       1.1.1.0/24          is directly connected, Loopback0
C       1.1.2.0/24          is directly connected, FastEthernet0/3
C       1.1.3.0/24          is directly connected, FastEthernet0/0
O E2    1.1.4.0/24          [150,100] via 1.1.2.2(on FastEthernet0/3)
O       1.1.5.0/24          [110,1601] via 1.1.2.2(on FastEthernet0/3)
R1#
------------------------------R2------------------------------
R2#show ip route
Codes: C - connected, S - static, R - RIP, B - BGP, BC - BGP connected
       D - DEIGRP, DEX - external DEIGRP, O - OSPF, OIA - OSPF inter area
       ON1 - OSPF NSSA external type 1, ON2 - OSPF NSSA external type 2
       OE1 - OSPF external type 1, OE2 - OSPF external type 2
       DHCP - DHCP type

VRF ID: 0

O E2    1.1.1.0/24          [150,100] via 1.1.3.1(on FastEthernet0/0)
O       1.1.2.0/24          [110,2] via 1.1.3.1(on FastEthernet0/0)
C       1.1.3.0/24          is directly connected, FastEthernet0/0
```

```
O E2    1.1.4.0/24          [150,100] via 1.1.3.1(on FastEthernet0/0)
C       1.1.5.0/24          is directly connected, Serial0/3
R2#
------------------------------R3------------------------------
R3#show ip route
Codes: C - connected, S - static, R - RIP, B - BGP, BC - BGP connected
        D - DEIGRP, DEX - external DEIGRP, O - OSPF, OIA - OSPF inter area
        ON1 - OSPF NSSA external type 1, ON2 - OSPF NSSA external type 2
        OE1 - OSPF external type 1, OE2 - OSPF external type 2
        DHCP - DHCP type

VRF ID: 0

O E2    1.1.1.0/24          [150,100] via 1.1.2.1(on FastEthernet0/0)
C       1.1.2.0/24          is directly connected, FastEthernet0/0
O       1.1.3.0/24          [110,2] via 1.1.2.1(on FastEthernet0/0)
C       1.1.4.0/24          is directly connected, FastEthernet0/3
C       1.1.5.0/24          is directly connected, Serial0/2
R3#
```

3）在R3中使用策略路由。

使来自1.1.4.10的源地址去往外网的路由从1.1.2.1走，而来自1.1.4.20的源地址的数据从1.1.5.1的路径走，过程如下。

```
R3_config#ip access-list standard for_10
R3_config_std_nacl#permit 1.1.4.10
R3_config_std_nacl#exit
R3_config#ip access-list standard for_20
R3_config_std_nacl#permit 1.1.4.20
R3_config_std_nacl#exit
R3_config#route-map source_pbr 10 permit
R3_config_route_map#match ip address for_10
R3_config_route_map#set ip next-hop 1.1.2.1
R3_config_route_map#exit
R3_config#route-map source_pbr 20 permit
R3_config_route_map#match ip address for_20
R3_config_route_map#set ip next-hop 1.1.5.1
R3_config_route_map#exit
R3_config#interface fastEthernet 0/3
R3_config_f0/3#ip policy route-map source_pbr
R3_config_f0/3#
```

此时已经更改了R3的路由策略，从终端测试结果如下。

```
------------------------------1.1.4.10------------------------------
C:\Documents and Settings\Administrator>ipconfig

Windows IP Configuration
Ethernet adapter 本地连接:

        Connection-specific DNS Suffix  . :
        IP Address. . . . . . . . . . . . : 1.1.4.10
        Subnet Mask . . . . . . . . . . . : 255.255.255.0
        Default Gateway . . . . . . . . . : 1.1.4.1

C:\Documents and Settings\Administrator>tracert 1.1.1.1

Tracing route to 1.1.1.1 over a maximum of 30 hops

  1    <1 ms    <1 ms    <1 ms  1.1.4.1
  2     1 ms    <1 ms    <1 ms  1.1.1.1

Trace complete.

C:\Documents and Settings\Administrator>

C:\>ipconfig

Windows IP Configuration

------------------------------1.1.4.20------------------------------
Ethernet adapter 本地连接:

        Connection-specific DNS Suffix  . :
        IP Address. . . . . . . . . . . . : 1.1.4.20
        Subnet Mask . . . . . . . . . . . : 255.255.255.0
        Default Gateway . . . . . . . . . : 1.1.4.1

C:\>tracert 1.1.1.1

Tracing route to 1.1.1.1 over a maximum of 30 hops

  1    <1 ms    <1 ms    <1 ms  1.1.4.1
  2    16 ms    15 ms    15 ms  1.1.5.1
```

```
3     15 ms     14 ms     15 ms  1.1.1.1

Trace complete.
```

可以看出，不同源的路由已经发生了改变。

8. 注意事项和排错

- 在配置访问列表时，使用permit后面加主机IP的形式，不需加掩码，系统默认使用全255的掩码作为单一主机掩码，与使用255.255.255.255效果是相同的。
- 配置策略路由的步骤大致包括以下3步：①定义地址范围；②定义策略动作；③在入口加载策略。

9. 完整配置文档

```
------------------------------R1------------------------------
R1# show running-config
Building configuration...

Current configuration:
!
!version 1.3.3G
service timestamps log date
service timestamps debug date
no service password-encryption
!
hostname R1
!
gbsc group default
!
interface Loopback0
 ip address 1.1.1.1 255.255.255.0
 no ip directed-broadcast
!
interface FastEthernet0/0
 ip address 1.1.3.1 255.255.255.0
 no ip directed-broadcast
!
interface FastEthernet0/3
 ip address 1.1.2.1 255.255.255.0
```

```
------------------------------R2------------------------------
R2# show running-config
Building configuration...

Current configuration:
!
!version 1.3.3G
service timestamps log date
service timestamps debug date
no service password-encryption
!
hostname R2
!
gbsc group default
!
interface FastEthernet0/0
 ip address 1.1.3.2 255.255.255.0
 no ip directed-broadcast
!
interface FastEthernet0/1
 no ip address
 no ip directed-broadcast
!
interface Serial0/2
 no ip address
```

```
 no ip directed-broadcast
!
interface Serial0/1
 no ip address
 no ip directed-broadcast
!
interface Serial0/2
 no ip address
 no ip directed-broadcast
!
interface Async0/0
 no ip address
 no ip directed-broadcast
!
router ospf 1
 network 1.1.3.0 255.255.255.0 area 0
 network 1.1.2.0 255.255.255.0 area 0
 redistribute connect
!
------------------------------R3------------------------------
R3# show running-config
Building configuration...

Current configuration:
!
!version 1.3.3G
service timestamps log date
service timestamps debug date
no service password-encryption
!
hostname R3
!
gbsc group default
!
 --More-- Jan  1 03:03:43 Configured from console 0 by UNKNOWN
!
interface FastEthernet0/0
 ip address 1.1.2.2 255.255.255.0
 no ip directed-broadcast
!
interface Serial0/3
 ip address 1.1.5.1 255.255.255.0
 no ip directed-broadcast
 physical-layer speed 64000
!
interface Async0/0
 no ip address
 no ip directed-broadcast
!
router ospf 1
 network 1.1.3.0 255.255.255.0 area 0
 network 1.1.5.0 255.255.255.0 area 0
 redistribute connect
!
```

```
 no ip directed-broadcast
!
interface FastEthernet0/3
 ip address 1.1.4.1 255.255.255.0
 no ip directed-broadcast
 ip policy route-map source_pbr
!
interface Serial0/1
 no ip address
 no ip directed-broadcast
!
interface Serial0/2
 ip address 1.1.5.2 255.255.255.0
 no ip directed-broadcast
 physical-layer speed 64000
!
interface Async0/0
 no ip address
 no ip directed-broadcast
!
router ospf 1
 network 1.1.2.0 255.255.255.0 area 0
 network 1.1.5.0 255.255.255.0 area 0
 redistribute connect
!
ip access-list standard for_10
 permit 1.1.4.10 255.255.255.255
!
ip access-list standard for_20
 permit 1.1.4.20 255.255.255.255
!
!
route-map source_pbr 10 permit
 match ip address for_10
 set ip next-hop 1.1.2.1
!
route-map source_pbr 20 permit
 match ip address for_20
 set ip next-hop 1.1.5.1
```

10. 案例总结

策略路由的优先级大于路由策略，当数据包经过路由器转发时，路由器根据预先设定的策略对数据包进行匹配，如果匹配到一条策略，就根据该条策略指定的路由进行转发；如果没有任何策略，就根据路由表对报文进行路由转发。在项目实施过程中，可以根据需求配置策略路由。

11. 共同思考

1）使用Loopback接口是否可以作为测试源地址验证源地址策略路由？为什么？

2）策略路由的route-map设置前后顺序是否与访问列表一样重要？它是否允许进行插入和删除操作？

12. 课后练习

1）案例拓扑图如图20-2所示。

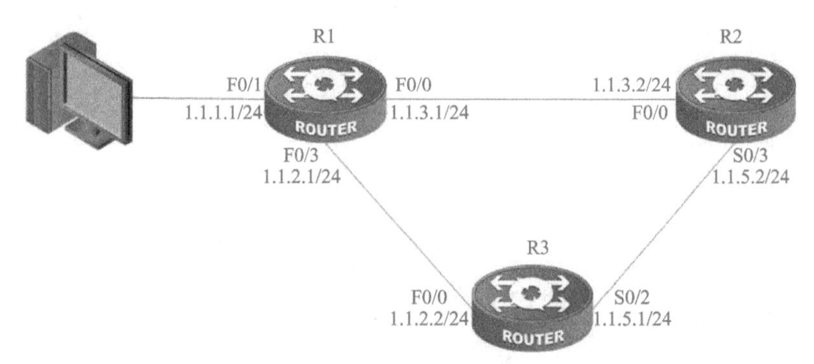

图20-2　案例拓扑图

2）案例要求：给R1配置策略路由，使从1.1.1.10去往3.3.3.3/24的数据全部通过1.1.3.2走，从1.1.1.20去往3.3.3.3/24的数据全部通过1.1.2.2走。

案例21　基于应用的策略路由

1. 知识点回顾

在路由器转发数据的过程中，策略路由中匹配的数据优先于路由策略进行转发，当路由器收到数据包并进行转发时，会优先根据策略路由的规则进行匹配。如果能匹配上，则根据策略路由的规则进行匹配，否则按照路由表中的转发路径来进行转发。

2. 案例目的

- 进一步理解策略路由的功能。
- 掌握基于应用的策略路由的配置方法。

3. 应用环境

当网络的出口链路带宽和开销不同时，将关键业务的流量分配给带宽大的链路负载，将不重要且不紧急的流量分配给带宽小的处理，可以有效地提高链路的使用效率。

4. 设备需求

- 路由器3台。
- 计算机两台。
- 网线若干。

5. 案例拓扑

基于应用的策略路由案例拓扑图如图21-1所示。

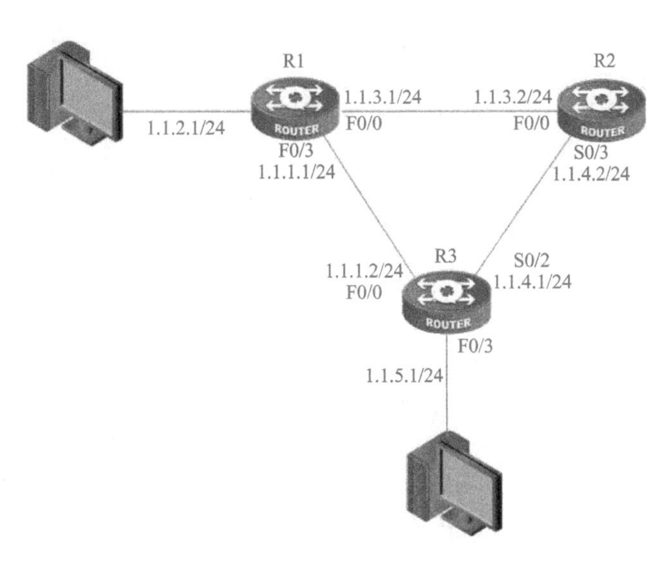

图21-1　基于应用的策略路由案例拓扑图

6. 案例需求

1）按照图21-1，配置基础网络环境并且测试其连通性。

2）在网络中使用静态路由，在R3中不使用任何静态路由，只在R1和R2中定义静态路由。注意：在R1上使用浮动路由的配置，即到1.1.4.0网络的路由存在两条，但其度量值不同。

3）在R3中使用策略路由，定义TCP数据下一跳为1.1.2.1、UDP数据下一跳为1.1.5.2。

4）从1.1.1.10中开启FTP服务，从1.1.4.10发起一次FTP请求，在中间过程中将1.1.5.1端口shutdown，查看传输是否有影响，再启用该接口，shutdown 1.1.2.2接口，查看结果如何。

7. 实现步骤

1）配置基础网络。

具体步骤参考案例20，本处略。

2）配置静态路由。

```
-------------------------------R1-------------------------------
R1_config#ip route 1.1.5.0 255.255.255.0 1.1.3.2
R1_config#ip route 1.1.5.0 255.255.255.0 1.1.2.2
-------------------------------R2-------------------------------
R2_config#ip route 1.1.2.0 255.255.255.0 1.1.3.1
R2_config#ip route 1.1.5.0 255.255.255.0 1.1.3.1
R2_config#ip route 1.1.5.0 255.255.255.0 1.1.4.1
R2_config#ip route 1.1.2.0 255.255.255.0 1.1.4.1
```

```
------------------------------R3------------------------------
R3_config#ip route 1.1.3.0 255.255.255.0 1.1.5.1
R3_config#ip route 1.1.3.0 255.255.255.0 1.1.2.1
```

查看路由表：

```
------------------------------R1------------------------------
R1#show ip route
Codes: C - connected, S - static, R - RIP, B - BGP, BC - BGP connected
       D - DEIGRP, DEX - external DEIGRP, O - OSPF, OIA - OSPF inter area
       ON1 - OSPF NSSA external type 1, ON2 - OSPF NSSA external type 2
       OE1 - OSPF external type 1, OE2 - OSPF external type 2
       DHCP - DHCP type

VRF ID: 0

C      1.1.1.0/24        is directly connected, Loopback0
C      1.1.2.0/24        is directly connected, FastEthernet0/3
C      1.1.3.0/24        is directly connected, FastEthernet0/0
S      1.1.4.0/24        [1,0] via 1.1.2.2(on FastEthernet0/3)
S      1.1.5.0/24        [1,0] via 1.1.1.2(on FastEthernet0/3)
                          [1,0] via 1.1.3.2(on FastEthernet0/0)
R1#
------------------------------R2------------------------------

R2#show ip route
Codes: C - connected, S - static, R - RIP, B - BGP, BC - BGP connected
       D - DEIGRP, DEX - external DEIGRP, O - OSPF, OIA - OSPF inter area
       ON1 - OSPF NSSA external type 1, ON2 - OSPF NSSA external type 2
       OE1 - OSPF external type 1, OE2 - OSPF external type 2
       DHCP - DHCP type

VRF ID: 0


S      1.1.2.0/24        [1,0] via 1.1.3.1(on FastEthernet0/0)
                          [1,0] via 1.1.4.1(on Serial0/3)
C      1.1.3.0/24        is directly connected, FastEthernet0/0
S      1.1.5.0/24        [1,0] via 1.1.5.2(on Serial0/3)
 [1,0] via 1.1.5.2(on FastEthernet0/3)
C      1.1.4.0/24        is directly connected, Serial0/3
R2#
```

```
------------------------------R3------------------------------
R3#show ip route
Codes: C - connected, S - static, R - RIP, B - BGP, BC - BGP connected
         D - DEIGRP, DEX - external DEIGRP, O - OSPF, OIA - OSPF inter area
         ON1 - OSPF NSSA external type 1, ON2 - OSPF NSSA external type 2
         OE1 - OSPF external type 1, OE2 - OSPF external type 2
         DHCP - DHCP type

VRF ID: 0

S        1.1.2.0/24          [1,0] via 1.1.1.1(on FastEthernet0/0)
C        1.1.1.0/24          is directly connected, FastEthernet0/0
S        1.1.2.0/24          [1,0] via 1.1.1.1(on FastEthernet0/0)
                               [1,0] via 1.1.4.1(on Serial0/2)
C        1.1.4.0/24          is directly connected, FastEthernet0/3
C        1.1.5.0/24          is directly connected, Serial0/2
R3#
```

3）配置R3的策略路由。

定义ICMP数据下一跳为1.1.5.1、UDP数据下一跳为1.1.2.1

过程如下。

```
R3_config#ip access-list extended for_icmp
R3_config_ext_nacl#permit icmp any any
R3_config_ext_nacl#exit
R3_config#route-map app_pbr 10 permit
R3_config_route_map#match ip address for_icmp
R3_config_route_map#set ip next-hop 1.1.4.2
R3_config_route_map#exit
R3_config#route-map app_pbr 20 permit
R3_config_route_map# match ip address for_udp
R3_config_route_map#set ip next-hop 1.1.1.1
R3_config_route_map#exit
R3_config#R3_config#interface fastEthernet 0/3
R3_config_f0/3#ip policy route-map app_pbr
R3_config_f0/3#
```

查看当前配置情况。

```
R3_config#show ip policy
  Interface              Route-map
  FastEthernet0/3        app_pbr
R3_config#
```

4）测试结果。

测试策略路由的配置是否生效。

使用ping 1.1.2.1来测试整个过程，策略路由生效的情况下，返回连通状态。

```
C:\Documents and Settings\Administrator>ping 1.1.2.1

Pinging 1.1.2.1 with 32 bytes of data:

Reply from 1.1.2.1: bytes=32 time=12ms TTL=254
Reply from 1.1.2.1: bytes=32 time=15ms TTL=254
Reply from 1.1.2.1: bytes=32 time=13ms TTL=254
Reply from 1.1.2.1: bytes=32 time=11ms TTL=254

Ping statistics for 1.1.2.1:
    Packets: Sent = 4, Received = 4, Lost = 0 (0% loss),
Approximate round trip times in milli-seconds:
    Minimum = 11ms, Maximum = 15ms, Average = 12ms

C:\Documents and Settings\Administrator>
```

此时将策略路由的指向1.1.4.1链路断开（如使用shutdown命令），由于策略路由不存在，而R3的静态路由还在生效，因此仍然是连通状态。但仔细观察，其返回时间是不同的。

```
C:\Documents and Settings\Administrator>ping 1.1.2.1

Pinging 1.1.2.1 with 32 bytes of data:

Reply from 1.1.2.1: bytes=32 time=1ms TTL=254
Reply from 1.1.2.1: bytes=32 time<1ms TTL=254
Reply from 1.1.2.1: bytes=32 time<1ms TTL=254
Reply from 1.1.2.1: bytes=32 time<1ms TTL=254

Ping statistics for 1.1.2.1:
    Packets: Sent = 4, Received = 4, Lost = 0 (0% loss),
Approximate round trip times in milli-seconds:
    Minimum = 0ms, Maximum = 1ms, Average = 0ms

C:\Documents and Settings\Administrator>
```

此时，将静态路由删除。

```
R3_config#no ip route 1.1.2.0 255.255.255.0 1.1.1.1
```

此时再次测试连通性，结果如下。

```
C:\Documents and Settings\Administrator>ping 1.1.2.1

Pinging 1.1.2.1 with 32 bytes of data:
```

```
Reply from 1.1.4.1: Destination host unreachable.
Reply from 1.1.4.1: Destination host unreachable.
Reply from 1.1.4.1: Destination host unreachable.
Reply from 1.1.4.1: Destination host unreachable.

Ping statistics for 1.1.2.1:
    Packets: Sent = 4, Received = 4, Lost = 0 (0% loss)
Approximate round trip times in milli-seconds:
    Minimum = 0ms, Maximum = 0ms, Average = 0ms

C:\Documents and Settings\Administrator>
```

发现此时既没有策略路由，也没有静态路由，已经不通了。此时将策略路由所使用的链路启动，再次测试。

命令如下。

```
R3_config#int s 0/2
R3_config_s0/2#no shut
R3_config_s0/2#Jan  1 03:42:17 Line on Interface Serial0/2, changed to up
Jan  1 03:42:27 Line protocol on Interface Serial0/2, change state to up
```

测试结果如下。

```
C:\Documents and Settings\Administrator>ping 1.1.2.1

Pinging 1.1.2.1 with 32 bytes of data:

Reply from 1.1.2.1: bytes=32 time=12ms TTL=254
Reply from 1.1.2.1: bytes=32 time=11ms TTL=254
Reply from 1.1.2.1: bytes=32 time=11ms TTL=254
Reply from 1.1.2.1: bytes=32 time=11ms TTL=254

Ping statistics for 1.1.2.1:
    Packets: Sent = 4, Received = 4, Lost = 0 (0% loss),
Approximate round trip times in milli-seconds:
    Minimum = 11ms, Maximum = 12ms, Average = 11ms

C:\Documents and Settings\Administrator>
```

注意此时的返回时间与第一次测试时是一致的。

8. 注意事项和排错

➢ 由于本实验涉及应用类型，因此访问列表必须使用扩展列表，标准访问列表是无法实现的。

- 由于R3路由器的静态路由针对1.1.2.0网络是指向1.1.1.1的，因此本实验有意将策略路由的指向改到1.1.4.2，目的是方便观测试验效果，但实际应用中尽量不使用次优的路由定义策略。

9. 完整配置文档

```
------------------------------R1------------------------------
R1# show running-config
Building configuration...

Current configuration:
!
!version 1.3.3G
service timestamps log date
service timestamps debug date
no service password-encryption
!
hostname R1
!
gbsc group default
!
 --More-- Jan  1 03:48:22 Configured from console 0 by UNKNOWN
!
interface Loopback0
 ip address 1.1.1.1 255.255.255.0
 no ip directed-broadcast
!
interface FastEthernet0/0
 ip address 1.1.3.1 255.255.255.0
 no ip directed-broadcast
!
interface FastEthernet0/3
 ip address 1.1.2.1 255.255.255.0
 no ip directed-broadcast
!
interface Serial0/1
 no ip address
```

```
------------------------------R2------------------------------
R2# show running-config
Building configuration...

Current configuration:
!
!version 1.3.3G
service timestamps log date
service timestamps debug date
no service password-encryption
!
hostname R2
!
gbsc group default
!
interface FastEthernet0/0
 ip address 1.1.3.2 255.255.255.0
 no ip directed-broadcast
!
interface FastEthernet0/1
 no ip address
 no ip directed-broadcast
!
interface Serial0/2
 no ip address
 no ip directed-broadcast
 physical-layer speed 64000
!
interface Serial0/3
 ip address 1.1.5.1 255.255.255.0
 no ip directed-broadcast
 physical-layer speed 64000
```

```
 no ip directed-broadcast
!
interface Serial0/2
 no ip address
 no ip directed-broadcast
!
interface Async0/0
 no ip address
 no ip directed-broadcast
!
router ospf 1
 network 1.1.3.0 255.255.255.0 area 0
 network 1.1.2.0 255.255.255.0 area 0
 redistribute connect
!
ip route 1.1.5.0 255.255.255.0 1.1.2.2
ip route 1.1.5.0 255.255.255.0 1.1.3.2
!
------------------------------R3------------------------------
R3# show running-config
Building configuration...

Current configuration:
!
!version 1.3.3G
service timestamps log date
service timestamps debug date
no service password-encryption
!
hostname R3
!
gbsc group default
!
interface FastEthernet0/0
 ip address 1.1.2.2 255.255.255.0
 no ip directed-broadcast
!
interface FastEthernet0/3
 ip address 1.1.4.1 255.255.255.0
!
interface Async0/0
 no ip address
 no ip directed-broadcast
!
ip route 1.1.5.0 255.255.255.0 1.1.3.1
ip route 1.1.2.0 255.255.255.0 1.1.3.1
ip route 1.1.2.0 255.255.255.0 1.1.4.2
ip route 1.1.5.0 255.255.255.0 1.1.4.4
!
```

```
 no ip directed-broadcast
 ip policy route-map app_pbr
!
interface Serial0/1
 no ip address
 no ip directed-broadcast
!
interface Serial0/2
 ip address 1.1.5.2 255.255.255.0
 no ip directed-broadcast
 physical-layer speed 64000
!
interface Async0/0
 no ip address
 no ip directed-broadcast
!
ip route 1.1.2.0 255.255.255.0 1.1.1.1
ip route 1.1.2.0 255.255.255.0 1.1.4.2
!
ip access-list extended for_udp
 permit udp any any
!
ip access-list extended for_icmp
 permit icmp any any
!
!
route-map app_pbr 10 permit
 match ip address for_icmp
 set ip next-hop 1.1.5.1
!
route-map app_pbr 20 permit
 match ip address for_udp
 set ip next-hop 1.1.2.1
```

10. 案例总结

可以根据策略路由的优先级大于路由策略这个特点，将关键业务的流量分配给带宽大的链路负载，将不重要且不紧急的流量分配给带宽小的处理，从而保证业务流量的合理转发。

11. 共同思考

设计一个过程测试基于UDP的策略路由设置。

12. 课后练习

1）案例拓扑图如图21-2所示。

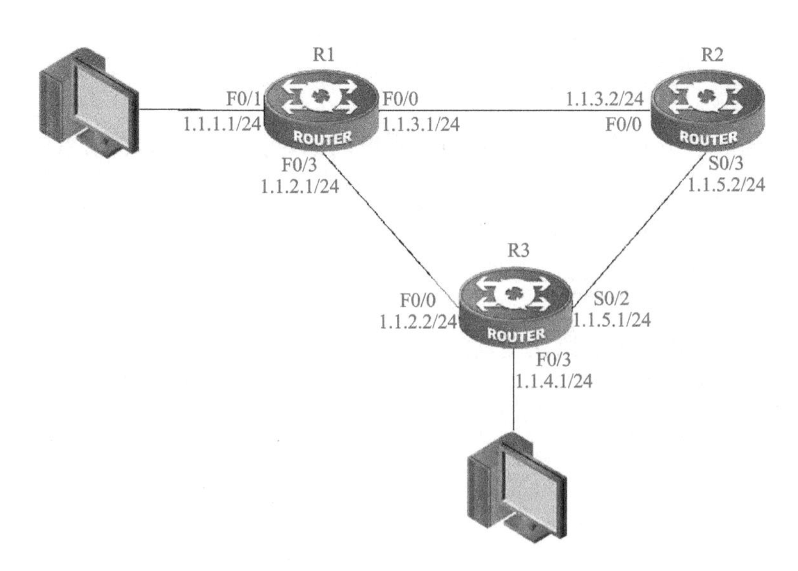

图21-2　案例拓扑图

2）案例要求：设计一个基于TCP的策略路由，并实现它。

案例22　IBGP和EBGP的基本配置

1. 知识点回顾

BGP的邻居分成以下两类，一类是本自治系统内部，另一类是本自治系统外部，也就是IBGP邻居和EBGP邻居。

2. 案例目的

- 理解BGP的工作原理和路由更新过程。
- 理解IBGP和EBGP的区别。
- 理解BGP与IGP的不同。

3. 应用环境

在大型网络中，尤其是大型的ISP之间，传统的IGP已经无法适应庞大的路由表的互相传递，此时以AS为路由基本单位的BGP是比较合适的域间协议选择。

4. 设备需求

- 路由器3台。
- 网线若干。

扫码看视频

5. 案例拓扑

IBGP和EBGP的基本配置案例拓扑图如图22-1所示。

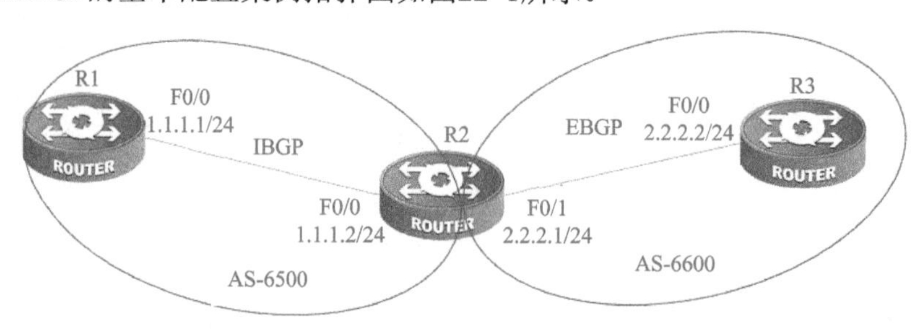

图22-1　IBGP和EBGP的基本配置案例拓扑图

6. 案例需求

1）按照图22-1所示配置基本网络环境，注意不要配置路由。

2）在R1、R3中分别设置一个Loopback接口，配置相应的IP网段，R1的是192.168.1.1/24，R3的是192.168.3.1/24。

3）在3台设备中启动BGP，指定相应的AS号，使用Network命令宣告相应网段包括Loopback接口网络，查看路由表。

4）最后打开R1和R2的同步，查看结果。

7. 实现步骤

1）配置基础网络环境。

根据图22-1进行相应的项目环境基础配置，并使用ping命令测试R1、R2以及计算机1、计算机2和默认网关之间的连通性。

```
------------------------------ R1------------------------------
Router_config#hostname R1
R1_config#interface fastEthernet 0/0
R1_config_f0/0#ip address 1.1.1.1 255.255.255.0
R1_config_f0/0#exit
R1_config#interface loopback 0
R1_config_l0#ip address 192.168.1.1 255.255.255.0
R1_config_l0#
------------------------------R2------------------------------
Router_config#hostname R2
R2_config#interface fastEthernet 0/0
R2_config_f0/0#ip address 1.1.1.2 255.255.255.0
R2_config_f0/0#exit
R2_config#interface fastEthernet 0/1
R2_config_f0/1#ip address 2.2.2.1 255.255.255.0
R2_config_f0/1#exit
R2_config#
------------------------------R3------------------------------
Router_config#hostname R3
R3_config#interface fastEthernet 0/0
R3_config_f0/0#ip address 2.2.2.2 255.255.255.0
R3_config_f0/0#exit
R3_config#interface loopback 0
R3_config_l0#ip address 192.168.3.1 255.255.255.0
R3_config_l0#exit
R3_config#
```

测试单链路连通性：

```
R3#ping 2.2.2.2
PING 2.2.2.2 (2.2.2.2): 56 data bytes
!!!!!
--- 2.2.2.2 ping statistics ---
5 packets transmitted, 5 packets received, 0% packet loss
round-trip min/avg/max = 0/0/0 ms
C#
R2#ping 1.1.1.1
PING 1.1.1.1 (1.1.1.1): 56 data bytes
!!!!!
--- 1.1.1.1 ping statistics ---
5 packets transmitted, 5 packets received, 0% packet loss
round-trip min/avg/max = 0/0/0 ms
B#
```

2）配置BGP。

```
-------------------------------R1-------------------------------
R1_config#router bgp 6500
R1_config_bgp#neighbor 1.1.1.2 remote-as 6500
R1_config_bgp#network 192.168.1.0/24
R1_config_bgp#no synchronization
R1_config_bgp#
-------------------------------R2-------------------------------
R2_config#router bgp 6500
R2_config_bgp#neighbor 1.1.1.1 remote-as 6500
R2_config_bgp#neighbor 2.2.2.2 remote-as 6600
R2_config_bgp#network 1.1.1.0/24
R2_config_bgp#network 2.2.2.0/24
R2_config_bgp#no synchronization
R2_config_bgp#exit
R2_config#
-------------------------------R3-------------------------------
R3_config#router bgp 6600
R3_config_bgp#neighbor 2.2.2.1 remote-as 6500
R3_config_bgp#network 192.168.3.0/24
R3_config_bgp#network 2.2.2.0/24
R3_config_bgp#
```

查看3台路由器的路由表：

```
-------------------------------R1-------------------------------
R1#sh ip route
```

```
Codes: C - connected, S - static, R - RIP, B - BGP, BC - BGP connected
        D - DEIGRP, DEX - external DEIGRP, O - OSPF, OIA - OSPF inter area
        ON1 - OSPF NSSA external type 1, ON2 - OSPF NSSA external type 2
        OE1 - OSPF external type 1, OE2 - OSPF external type 2
        DHCP - DHCP type

VRF ID: 0

C       1.1.1.0/24          is directly connected, FastEthernet0/0
B       2.2.2.0/24          [200,0] via 1.1.1.2
C       192.168.1.0/24      is directly connected, Loopback0
B       192.168.3.0/24      [200,0] via 2.2.2.2
R1#
------------------------------R2------------------------------
R2#Jan  1 00:30:13 Configured from console 0 by UNKNOWN
sh ip route
Codes: C - connected, S - static, R - RIP, B - BGP, BC - BGP connected
        D - DEIGRP, DEX - external DEIGRP, O - OSPF, OIA - OSPF inter area
        ON1 - OSPF NSSA external type 1, ON2 - OSPF NSSA external type 2
        OE1 - OSPF external type 1, OE2 - OSPF external type 2
        DHCP - DHCP type

VRF ID: 0

C       1.1.1.0/24          is directly connected, FastEthernet0/0
C       2.2.2.0/24          is directly connected, FastEthernet0/1
B       192.168.1.0/24      [200,0] via 1.1.1.1
B       192.168.3.0/24      [20,0] via 2.2.2.2
R2#


------------------------------R3------------------------------

C_config#sh ip route
Codes: C - connected, S - static, R - RIP, B - BGP, BC - BGP connected
        D - DEIGRP, DEX - external DEIGRP, O - OSPF, OIA - OSPF inter area
        ON1 - OSPF NSSA external type 1, ON2 - OSPF NSSA external type 2
        OE1 - OSPF external type 1, OE2 - OSPF external type 2
        DHCP - DHCP type
```

```
VRF ID: 0

B       1.1.1.0/24          [20,0] via 2.2.2.1
C       2.2.2.0/24          is directly connected, FastEthernet0/0
B       192.168.1.0/24      [20,0] via 2.2.2.1
C       192.168.3.0/24      is directly connected, Loopback0
R3_config#
```

3）查看当前BGP配置情况。

```
------------------------------R1------------------------------
R1#sh ip bgp
BGP table version is 0, local router ID is 192.168.1.1
Status codes: s suppressed, d damped, h history, * valid, > best, i - internal
Origin codes: i - IGP, e - EGP, ? - incomplete

   Network            Next Hop          Metric LocPrf Weight Path
*>i1.1.1.0/24         1.1.1.2                  100       0 i
*>i2.2.2.0/24         1.1.1.2                  100       0 i
*> 192.168.1.0/24     0.0.0.0                        32768 i
*>i192.168.3.0/24     2.2.2.2                  100       0 6600 i

Total number of prefixes 4
R1#
------------------------------R2------------------------------
R2#sh ip bgp
BGP table version is 0, local router ID is 2.2.2.1
Status codes: s suppressed, d damped, h history, * valid, > best, i - internal
Origin codes: i - IGP, e - EGP, ? - incomplete

   Network            Next Hop          Metric LocPrf Weight Path
*> 1.1.1.0/24         0.0.0.0                        32768 i
*> 2.2.2.0/24         0.0.0.0                        32768 i
*                       2.2.2.2                            0 6600 i
*>i192.168.1.0/24     1.1.1.1                  100       0 i
*> 192.168.3.0/24     2.2.2.2                            0 6600 i

Total number of prefixes 4
R2#
------------------------------R3------------------------------
R3#sh ip bgp
BGP table version is 0, local router ID is 192.168.3.1
Status codes: s suppressed, d damped, h history, * valid, > best, i - internal
```

```
Origin codes: i - IGP, e - EGP, ? - incomplete

    Network            Next Hop          Metric LocPrf Weight Path
*> 1.1.1.0/24         2.2.2.1                          0 6500 i
*  2.2.2.0/24         2.2.2.1                          0 6500 i
*>                    0.0.0.0                      32768 i
*> 192.168.1.0/24     2.2.2.1                          0 6500 i
*> 192.168.3.0/24     0.0.0.0                      32768 i

Total number of prefixes 4
R3#
```

4）打开R1和R2的同步，查看结果。

```
R1_config#router bgp 6500
R2_config_bgp#synchronization
R1_config_bgp#
```
2002-1-1 00:48:01 BGP: remove 2.2.2.0/24 from 1.1.1.2 from ip route table
2002-1-1 00:48:01 BGP: remove 192.168.3.0/24 from 1.1.1.2 from ip route table

注意此时R1路由表中的2.2.2.0和192.168.3.0项被删除了，这是因为同步开启的结果。由此可以看出，同步开启后，只有通过IGP可以连通的网络才可以被写入路由表。

再看R2的结果。

```
R2_config#router bgp 6500
R2_config_bgp#synchronization
R2_config_bgp#
```
2002-1-1 00:50:30 BGP: remove 192.168.1.0/24 from 1.1.1.1 from ip route table
2002-1-1 00:50:30 BGP: 2.2.2.2 send UPDATE 192.168.1.0/24 – unreachable

此时R2也将它不能通过IGP学习到的信息从它的表中删除了。

此时查看路由表发现已经无法学习到正确的路由了。

5）在R1和R2中增加OSPF单区域协议。

```
R1_config#router ospf 1
R1_config_ospf_1#network 1.1.1.0 255.255.255.0 area 0
R1_config_ospf_1#redistribute connect
R1_config_ospf_1#exit
R1_config#
R2_config#router ospf 1
R2_config_ospf_1#network 1.1.1.0 255.255.255.0 area 0
R2_config_ospf_1#network 2.2.2.0 255.255.255.0 area 0
R2_config_ospf_1#exit
R2_config#
```

在ABC的BGP中增加OSPF路由的重发布。

```
R1_config#router bgp 6500
```

```
R1_config_bgp#redistribute connected
R1_config_bgp#redistribute ospf 1
R1_config_bgp#

R2_config#router bgp 6500
R2_config_bgp#redistribute connected
R2_config_bgp#redistribute ospf 1
R2_config_bgp#

R3_config#router bgp 6600
R3_config_bgp#redistribute connected
R3_config_bgp#exit
```

查看路由表。

```
R1#sh ip route
Codes: C - connected, S - static, R - RIP, B - BGP, BC - BGP connected
        D - DEIGRP, DEX - external DEIGRP, O - OSPF, OIA - OSPF inter area
        ON1 - OSPF NSSA external type 1, ON2 - OSPF NSSA external type 2
        OE1 - OSPF external type 1, OE2 - OSPF external type 2
        DHCP - DHCP type

VRF ID: 0

C       1.1.1.0/24          is directly connected, FastEthernet0/0
O       2.2.2.0/24          [110,2] via 1.1.1.2(on FastEthernet0/0)
C       192.168.1.0/24      is directly connected, Loopback0
R1#

R2_config#sh ip route
Codes: C - connected, S - static, R - RIP, B - BGP, BC - BGP connected
        D - DEIGRP, DEX - external DEIGRP, O - OSPF, OIA - OSPF inter area
        ON1 - OSPF NSSA external type 1, ON2 - OSPF NSSA external type 2
        OE1 - OSPF external type 1, OE2 - OSPF external type 2
        DHCP - DHCP type

VRF ID: 0

C       1.1.1.0/24          is directly connected, FastEthernet0/0
C       2.2.2.0/24          is directly connected, FastEthernet0/1
O E2    192.168.1.0/24      [150,100] via 1.1.1.1(on FastEthernet0/0)
B       192.168.3.0/24      [20,0] via 2.2.2.2
```

```
R2_config#

R3#sh ip route
Codes: C - connected, S - static, R - RIP, B - BGP, BC - BGP connected
       D - DEIGRP, DEX - external DEIGRP, O - OSPF, OIA - OSPF inter area
       ON1 - OSPF NSSA external type 1, ON2 - OSPF NSSA external type 2
       OE1 - OSPF external type 1, OE2 - OSPF external type 2
       DHCP - DHCP type

VRF ID: 0

B      1.1.1.0/24          [20,0] via 2.2.2.1
C      2.2.2.0/24          is directly connected, FastEthernet0/0
B      192.168.1.0/24      [20,0] via 2.2.2.1
C      192.168.3.0/24      is directly connected, Loopback0
R3#
```

从上面可以看到，只有R1没有形成完整的路由表，这是由于IBGP之间的同步造成的，因此将R1和R2之间的同步关闭，即可解决这个问题。

```
R1_config#router bgp 6500
R1_config_bgp#no synchronization
R1_config_bgp#
```

2002-1-1 01:13:30 BGP: install 192.168.3.0/24 from 1.1.1.2 to ip route table

```
2002-1-1 01:13:30 BGP: 1.1.1.2 [CHECK] (from) 192.168.3.0/24
```

根据提示信息可知，这条路由已经被写入R1的路由表。

```
odes: C - connected, S - static, R - RIP, B - BGP, BC - BGP connected
       D - DEIGRP, DEX - external DEIGRP, O - OSPF, OIA - OSPF inter area
       ON1 - OSPF NSSA external type 1, ON2 - OSPF NSSA external type 2
       OE1 - OSPF external type 1, OE2 - OSPF external type 2
       DHCP - DHCP type

VRF ID: 0

C      1.1.1.0/24          is directly connected, FastEthernet0/0
O      2.2.2.0/24          [110,2] via 1.1.1.2(on FastEthernet0/0)
C      192.168.1.0/24      is directly connected, Loopback0
B      192.168.3.0/24      [200,0] via 2.2.2.2
R1_config#
```

进一步测试连通性。

```
R1_config#ping 192.168.3.1
PING 192.168.3.1 (192.168.3.1): 56 data bytes
```

```
!!!!!
--- 192.168.3.1 ping statistics ---
5 packets transmitted, 5 packets received, 0% packet loss
round-trip min/avg/max = 0/0/0 ms
R1_config#
```

由上面的实验可知，BGP同步的开启有时将带来不应有的结果，因此一般建议关闭BGP的同步。

8. 注意事项和排错

➢ 使用show Ip bgp可以查看关于BGP路由的详细信息，最终的R1、R2、R3的BGP路由如下。

```
------------------------------R1------------------------------
R1#Jan   1 01:19:51 Configured from console 0 by UNKNOWN
sh ip bgp
BGP table version is 0, local router ID is 192.168.1.1
Status codes: s suppressed, d damped, h history, * valid, > best, i - internal
Origin codes: i - IGP, e - EGP, ? - incomplete

    Network              Next Hop            Metric LocPrf Weight Path
*> 1.1.1.0/24          0.0.0.0                             32768 ?
* i                      1.1.1.2                   100          0 ?
*> 2.2.2.0/24          1.1.1.2                             32768 ?
* i                      1.1.1.2                   100          0 ?
*> 192.168.1.0/24      0.0.0.0                             32768 ?
*>i192.168.3.0/24      2.2.2.2                  100          0 6600 ?

Total number of prefixes 4
R1#

------------------------------R2------------------------------
R2#sh ip bgp
BGP table version is 0, local router ID is 2.2.2.1
Status codes: s suppressed, d damped, h history, * valid, > best, i - internal
Origin codes: i - IGP, e - EGP, ? - incomplete

    Network              Next Hop            Metric LocPrf Weight Path
*> 1.1.1.0/24          0.0.0.0                             32768 ?
* i                      1.1.1.1                   100          0 ?
*> 2.2.2.0/24          0.0.0.0                             32768 ?
```

```
*                          2.2.2.2                                    0 6600 ?
*>i192.168.1.0/24        1.1.1.1                  100       0 ?
*> 192.168.3.0/24        2.2.2.2                              0 6600 ?

Total number of prefixes 4
R2#Jan   1 01:20:05 Configured from console 0 by UNKNOWN
------------------------------R3------------------------------
R3#sh ip bgp
BGP table version is 0, local router ID is 192.168.3.1
Status codes: s suppressed, d damped, h history, * valid, > best, i - internal
Origin codes: i - IGP, e - EGP, ? - incomplete

   Network              Next Hop            Metric LocPrf Weight Path
*> 1.1.1.0/24          2.2.2.1                              0 6500 ?
*  2.2.2.0/24          2.2.2.1                              0 6500 ?
*>                      0.0.0.0                          32768 ?
*> 192.168.1.0/24      2.2.2.1                              0 6500 ?
*> 192.168.3.0/24      0.0.0.0                          32768 ?

Total number of prefixes 4
R3#
```

➢ 此时的BGP路由表与第三步中的BGP路由表相比有一些不同，主要是由于使用了路由重分布将直连路由和协议路由发布进BGP。

9. 完整配置文档

```
------------------------------R1------------------------------
R1#sh ru
Building configuration...

Current configuration:
!
!version 1.3.3G
service timestamps log date
service timestamps debug date
no service password-encryption
!
hostname R1
!
gbsc group default
```

```
------------------------------R2------------------------------
R2#sh ru
Building configuration...

Current configuration:
!
!version 1.3.3G
service timestamps log date
service timestamps debug date
no service password-encryption
!
hostname R2
!
gbsc group default
```

```
!
interface Loopback0
 ip address 192.168.1.1 255.255.255.0
 no ip directed-broadcast
!
interface FastEthernet0/0
 ip address 1.1.1.1 255.255.255.0
 no ip directed-broadcast
!
interface FastEthernet0/3
 no ip address
 no ip directed-broadcast
!
interface Serial0/1
 no ip address
 no ip directed-broadcast
!
interface Serial0/2
 no ip address
 no ip directed-broadcast
!
interface Async0/0
 no ip address
 no ip directed-broadcast
!
router ospf 1
 network 1.1.1.0 255.255.255.0 area 0
 redistribute connect
!
router bgp 6500
 no synchronization
 bgp log-neighbor-changes
 redistribute connected
 redistribute ospf 1
 neighbor 1.1.1.2 remote-as 6500
!
------------------------------R3------------------------------
R3#sh ru
Building configuration...
!
interface FastEthernet0/0
 ip address 1.1.1.2 255.255.255.0
 no ip directed-broadcast
!
interface FastEthernet0/1
 ip address 2.2.2.1 255.255.255.0
 no ip directed-broadcast
!
interface Serial0/2
 no ip address
 no ip directed-broadcast
!
interface Serial0/3
 no ip address
 no ip directed-broadcast
!
interface Async0/0
 no ip address
 no ip directed-broadcast
!
router ospf 1
 network 1.1.1.0 255.255.255.0 area 0
 network 2.2.2.0 255.255.255.0 area 0
!
router bgp 6500
 bgp log-neighbor-changes
 redistribute connected
 redistribute ospf 1
 neighbor 1.1.1.1 remote-as 6500
 neighbor 2.2.2.2 remote-as 6600
!
```

```
Current configuration:
!
!version 1.3.3G
service timestamps log date
service timestamps debug date
no service password-encryption
!
Hostname R3
!
gbsc group default
!
interface Loopback0
 ip address 192.168.3.1 255.255.255.0
 no ip directed-broadcast
!
interface FastEthernet0/0
 ip address 2.2.2.2 255.255.255.0
 no ip directed-broadcast
!
interface FastEthernet0/3
 no ip address
 no ip directed-broadcast
!
interface Serial0/1
 no ip address
 no ip directed-broadcast
!
interface Serial0/2
 no ip address
 no ip directed-broadcast
!
interface Async0/0
 no ip address
 no ip directed-broadcast
!
router bgp 6600
 bgp log-neighbor-changes
 redistribute connected
 neighbor 2.2.2.1 remote-as 6500
```

10. 案例总结

通过本案例完成了BGP的基本配置，熟悉了IBGP和EBGP邻居关系的配置。了解了IBGP和EBGP邻居关系建立的步骤，比较了IGP和BGP的异同点，并且熟悉了BGP同步的知识。

11. 共同思考

将R1和R2中的no synchronization去掉，结果如何？

12. 课后练习

1）案例拓扑图如图22-2所示。

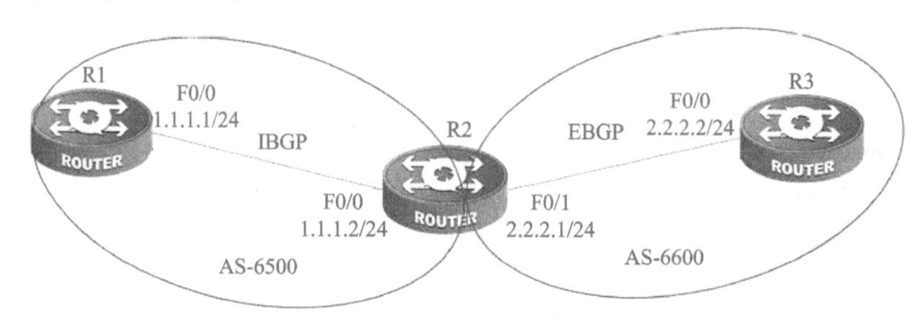

图22-2 案例拓扑图

2）案例要求：在之前案例的基础之上做简单调整，内网（R1和R2所在网络）使用静态路由完成IGP的设置，其中R1使用默认路由，重新做BGP的配置。

案例23　BGP地址聚合

1. 知识点回顾

路由表的大小会影响路由器的转发效率。对于拥有庞大路由表的BGP，若能尽可能地缩小路由表，则对于网络的性能会有很大的提升。减少路由表条目，缩小路由表空间，可以使用地址聚合来实现。在BGP中需要手动创建地址聚合，只要有一条路由包含在聚合路由中，那么这条聚合的路由就可以生效。

2. 案例目的

- 理解BGP手动地址汇聚。
- 深入理解BGP汇总地址。
- 掌握配置地址汇聚的方法。

3. 应用环境

BGP支持手动汇总，将多条明细路由汇总为一条汇总路由，既可以用始发路由器的汇合，也可以用于接收路由器的汇合。

4. 设备需求

- 路由器两台。
- 网线若干。

5. 案例拓扑

BGP地址聚合案例拓扑图如图23-1所示。

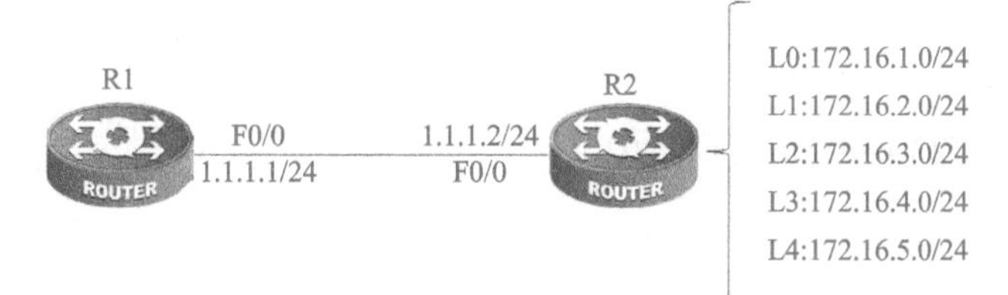

图23-1　BGP地址聚合案例拓扑图

6. 案例需求

1）配置基础网络环境，配置图23-1所示的接口地址。

2）配置两台路由器为EBGP邻居，并在R1中配置一个Loopback接口，地址为192.168.10.1/24。

3）配置R2路由器汇总关于172.16.0.0的路由，查看R1获取的路由表。

7. 实现步骤

1）配置基础网络环境，R1和R2成为EBGP邻居。

```
------------------------------R1------------------------------
Router_config#hostR1
R1_config#interface fastEthernet 0/0
R1_config_f0/0#ip add 1.1.1.1 255.255.255.0
R1_config_f0/0#exit
R1_config#interface loopback0
R1_config_l0#ip add 192.168.10.1 255.255.255.0
R1_config_l0#
R1_config_l0#exit
R1_config#

------------------------------R2------------------------------
R2_config#interface fastEthernet 0/0
R2_config_f0/0#ip add 1.1.1.2 255.255.255.0
R2_config_f0/0#exit
R2_config#interface loopback 0
R2_config_l0#ip address 172.16.1.1 255.255.255.0
R2_config_l0#exit
R2_config#interface loopback 1
R2_config_l1#ip address 172.16.2.1 255.255.255.0
R2_config_l1#exit
R2_config#interface loopback 2
R2_config_l2#ip address 172.16.3.1 255.255.255.0
R2_config_l2#exit
R2_config#interface loopback 3
R2_config_l3#ip address 172.16.4.1 255.255.255.0
R2_config_l3#exit
R2_config#interface loopback 4
R2_config_l4#ip add 172.16.5.1 255.255.255.0
```

```
R2_config_l4#exit
R2_config#interface loopback 5
R2_config_l5#ip add 172.16.6.1 255.255.255.0
R2_config_l5#exit
R2_config#interface loopback 6
R2_config_l6#ip add 172.16.7.1 255.255.255.0
R2_config_l6#exit
```

2）启动BGP，定义两个设备为EBGP邻居。

```
------------------------------R1------------------------------

R1_config#router bgp 100
R1_config_bgp#neighbor 1.1.1.2 remote-as 200
R1_config_bgp#network 192.168.10.0/24
R1_config_bgp#exit
R1_config#
R1_config#exit
------------------------------R2------------------------------
R2#config
R2_config#router bgp 200
R2_config_bgp#neighbor 1.1.1.1 remote-as 100
R2_config_bgp#network 172.16.1.0/24
Jan  1 00:25:37 %BGP-ADJCHANGE: neighbor 1.1.1.1 Up
R2_config_bgp#network 172.16.2.0/24
R2_config_bgp#network 172.16.3.0/24
R2_config_bgp#network 172.16.4.0/24
R2_config_bgp#network 172.16.5.0/24
R2_config_bgp#network 172.16.6.0/24
R2_config_bgp#network 172.16.7.0/24
R2_config_bgp#exit
R2_config#
```

查看路由表，结果如下。

```
------------------------------R1------------------------------
R1 #sh ip route
Codes: C - connected, S - static, R - RIP, B - BGP, BC - BGP connected
       D - DEIGRP, DEX - external DEIGRP, O - OSPF, OIA - OSPF inter area
       ON1 - OSPF NSSA external type 1, ON2 - OSPF NSSA external type 2
       OE1 - OSPF external type 1, OE2 - OSPF external type 2
       DHCP - DHCP type
```

```
VRF ID: 0

C       1.1.1.0/24          is directly connected, FastEthernet0/0
B       172.16.1.0/24       [20,0] via 1.1.1.2
B       172.16.2.0/24       [20,0] via 1.1.1.2
B       172.16.3.0/24       [20,0] via 1.1.1.2
B       172.16.4.0/24       [20,0] via 1.1.1.2
B       172.16.5.0/24       [20,0] via 1.1.1.2
B       172.16.6.0/24       [20,0] via 1.1.1.2
B       172.16.7.0/24       [20,0] via 1.1.1.2
C       192.168.10.0/24      is directly connected, Loopback0
R1#



------------------------------R2------------------------------
R2#sh ip route
Codes: C - connected, S - static, R - RIP, B - BGP, BC - BGP connected
        D - DEIGRP, DEX - external DEIGRP, O - OSPF, OIA - OSPF inter area
        ON1 - OSPF NSSA external type 1, ON2 - OSPF NSSA external type 2
        OE1 - OSPF external type 1, OE2 - OSPF external type 2
        DHCP - DHCP type

VRF ID: 0

C       1.1.1.0/24          is directly connected, FastEthernet0/0
C       172.16.1.0/24       is directly connected, Loopback0
C       172.16.2.0/24       is directly connected, Loopback1
C       172.16.3.0/24       is directly connected, Loopback2
C       172.16.4.0/24       is directly connected, Loopback3
C       172.16.5.0/24       is directly connected, Loopback4
C       172.16.6.0/24       is directly connected, Loopback5
C       172.16.7.0/24       is directly connected, Loopback6
B       192.168.10.0/24      [20,0] via 1.1.1.1
R2#
```

从以上路由表中看到，通过BGP学习到的路由非常多，可以通过路由聚合减少路由表条目，命令如下。

```
R2#config
R2_config#router bgp 200
R2_config_bgp#aggregate-address 172.16.0.0/21
R2_config_bgp#
```

此时查看R2的路由表，没有什么变化，但查看R1时，发现增加了如下黑体字内容。

```
R1#sh ip route
Codes: C - connected, S - static, R - RIP, B - BGP, BC - BGP connected
       D - DEIGRP, DEX - external DEIGRP, O - OSPF, OIA - OSPF inter area
       ON1 - OSPF NSSA external type 1, ON2 - OSPF NSSA external type 2
       OE1 - OSPF external type 1, OE2 - OSPF external type 2
       DHCP - DHCP type

VRF ID: 0

C      1.1.1.0/24         is directly connected, FastEthernet0/0
B      172.16.0.0/21      [20,0] via 1.1.1.2
B      172.16.1.0/24      [20,0] via 1.1.1.2
B      172.16.2.0/24      [20,0] via 1.1.1.2
B      172.16.3.0/24      [20,0] via 1.1.1.2
B      172.16.4.0/24      [20,0] via 1.1.1.2
B      172.16.5.0/24      [20,0] via 1.1.1.2
B      172.16.6.0/24      [20,0] via 1.1.1.2
B      172.16.7.0/24      [20,0] via 1.1.1.2
C      192.168.10.0/24     is directly connected, Loopback0
R1#

R1#sh ip bgp net 172.16.0.0/21
BGP routing table entry for 172.16.0.0/21
Paths: (1 available, best #1, table Default-IP-Routing-Table)
  Not advertised to any peer
  200, (aggregated by 200 172.16.7.1)
    1.1.1.2 from 1.1.1.2 (172.16.7.1)
      Origin IGP, metric 0, localpref 100, valid, external, best
      Last update: Thu Jan  1 00:32:57 1970

R1#
```

使用命令查看网络172.16.0.0/21的路由，BGP已经得到消息，它是被邻居汇聚的地址，但路由表还是没有减少，怎样调整？

8. 注意事项和排错

使用summary-only命令可以解决上面的问题，如下所示。

```
R2_config_bgp#aggregate-address 172.16.0.0/21 summary-only
Update aggregate configuration.
```

```
R2_config_bgp#
```

此时再次查看R1的路由表，得到如下结果。

```
R1#sh ip route
Codes: C - connected, S - static, R - RIP, B - BGP, BC - BGP connected
        D - DEIGRP, DEX - external DEIGRP, O - OSPF, OIA - OSPF inter area
        ON1 - OSPF NSSA external type 1, ON2 - OSPF NSSA external type 2
        OE1 - OSPF external type 1, OE2 - OSPF external type 2
        DHCP - DHCP type

VRF ID: 0

C       1.1.1.0/24          is directly connected, FastEthernet0/0
B       172.16.0.0/21       [20,0] via 1.1.1.2
C       192.168.10.0/24      is directly connected, Loopback0
R1#
```

此时发现，路由表已经被简化了。

9. 完整配置文档

```
--------------------------------R1--------------------------------
R1#sh ru
Building configuration...

Current configuration:
!
!version 1.3.3G
service timestamps log date
service timestamps debug date
no service password-encryption
!
hostname R1
!
gbsc group default
!
interface Loopback0
 ip address 192.168.10.1 255.255.255.0
 no ip directed-broadcast
!
interface FastEthernet0/0
```

```
--------------------------------R2--------------------------------
R2#sh ru
Building configuration...

Current configuration:
!
!version 1.3.3G
service timestamps log date
service timestamps debug date
no service password-encryption
!
hostname R2
!
gbsc group default
!
interface Loopback0
 ip address 172.16.1.1 255.255.255.0
 no ip directed-broadcast
!
interface Loopback1
 ip address 172.16.2.1 255.255.255.0
```

```
 ip address 1.1.1.1 255.255.255.0
 no ip directed-broadcast
!
interface FastEthernet0/1
 no ip address
 no ip directed-broadcast
!
interface Serial0/2
 no ip address
 no ip directed-broadcast
!
interface Serial0/3
 no ip address
 no ip directed-broadcast
!
interface Async0/0
 no ip address
 no ip directed-broadcast

router bgp 100
 bgp log-neighbor-changes
 network 192.168.1.0/24
 neighbor 1.1.1.2 remote-as 200
```

```
 no ip directed-broadcast
!
interface Loopback2
 ip address 172.16.3.1 255.255.255.0
 no ip directed-broadcast
!
interface Loopback3
 ip address 172.16.4.1 255.255.255.0
 no ip directed-broadcast
!
interface Loopback4
 ip address 172.16.5.1 255.255.255.0
 no ip directed-broadcast
!
interface Loopback5
 ip address 172.16.6.1 255.255.255.0
 no ip directed-broadcast
!
interface Loopback6
 ip address 172.16.7.1 255.255.255.0
 no ip directed-broadcast
!
interface FastEthernet0/0
 ip address 1.1.1.2 255.255.255.0
 no ip directed-broadcast
!
interface FastEthernet0/3
 no ip address
 no ip directed-broadcast
!
interface Serial0/1
 no ip address
 no ip directed-broadcast
!
interface Serial0/2
 no ip address
 no ip directed-broadcast
!
interface Async0/0
 no ip address
```

```
 no ip directed-broadcast
!
router bgp 200
 bgp log-neighbor-changes
 network 172.16.1.0/24
 network 172.16.2.0/24
 network 172.16.3.0/24
 network 172.16.4.0/24
 network 172.16.5.0/24
 network 172.16.6.0/24
 network 172.16.7.0/24
 aggregate-address172.16.0.0/21 summary-only
 neighbor 1.1.1.1 remote-as 100
```

10. 案例总结

通过本案例减少了BGP路由条目，提高了网络性能，提高了网络的效率。

11. 共同思考

如果两台BGP路由器配置为IBGP邻居，是否还需要做地址汇聚？为什么？

12. 课后练习

1）案例拓扑图如图23-2所示。

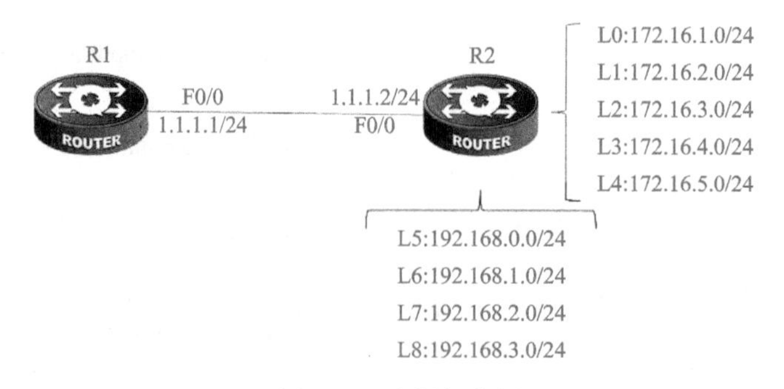

图23-2　案例拓扑图

2）案例要求：在原有的实验基础上将R2路由器的Loopback接口再增加4个（见图23-2），再添加一条汇总地址命令。

案例24　BGP属性控制选路

1. 知识点回顾

BGP的选路原则影响到数据流在网络中的流向，因此这是设计BGP网络时的重点。BGP最重要的作用就是使得数据流在网络中选择更好的路径。

2. 案例目的

➢ 理解BGP选路的过程。
➢ 深入理解属性的含义。
➢ 掌握配置属性的方法。

扫码看视频

3. 应用环境

BGP路由的属性决定其选路过程。路由属性就是一系列衡量路由优劣的参数，这些参数有各自的优先级，在众多的可比项中，BGP比较属性值的先后也决定了怎样形成自己的路由表。

在常用的属性中，通常BGP按照如下的流程选择合适的路由写入路由表：

本地优先级→本路由器始发的→最短的AS路径→起源code（IGP < EGP <Incomplete）→最小的MED→EBGP邻居学到的路由（优于IBGP）→BGP下一跳最短的路由→最小的邻居路由器Router ID。

4. 设备需求

➢ 路由器4台。
➢ 网线若干。

5. 案例拓扑

BGP属性控制选路案例拓扑图如图24-1所示。

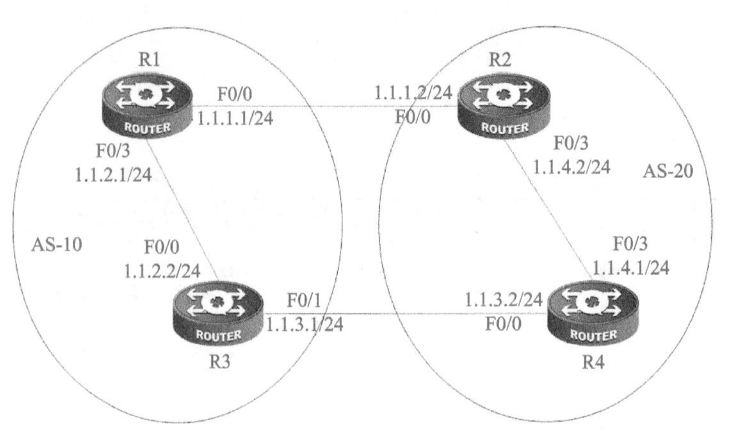

图24-1　BGP属性控制选路案例拓扑图

6. 案例需求

1）搭建4台路由器基础网络环境，并在每个AS内部使用OSPF作为内部网关协议。

2）启动BGP并配置相应的IBGP和EBGP。

3）查看路由表，理解BGP属性的作用。

4）使用命令更改R3的本地优先级属性增大为200，由于R1为默认的100，因此到达1.1.4.0网络的下一跳将会改变为1.1.3.2。

5）将BGP中的重分布修改为Network语句指定每个网络，查看BGP路由表有何改变。

7. 实现步骤

1）配置基础环境。

根据图24-1进行相应的项目环境基础配置，并使用ping命令测试R1、R2、R3、R4之间的连通性。

```
-------------------------------R1-------------------------------
Router_config#hostname R1
R1_config#interface fastEthernet 0/0
R1_config_f0/0#ip address 1.1.1.1 255.255.255.0
R1_config_f0/0#exit
R1_config#interface fastEthernet 0/3
R1_config_f0/3#ip address 1.1.2.1 255.255.255.0
R1_config_f0/3#exit
R1_config#router ospf 1
R1_config_ospf_1#network 1.1.2.0 255.255.255.0 area 0
R1_config_ospf_1#redistribute connect
R1_config_ospf_1#exit
R1_config#
```

```
------------------------------R2------------------------------
Router_config#hostname R2
R2_config#interface fastEthernet 0/0
R2_config_f0/0#ip add 1.1.1.2 255.255.255.0
R2_config_f0/0#exit
R2_config#interface fastEthernet 0/3
R2_config_f0/3#ip address 1.1.4.2 255.255.255.0
R2_config_f0/3#exit
R2_config#router ospf 1
R2_config_ospf_1#network 1.1.4.0 255.255.255.0 area 0
R2_config_ospf_1#redistribute connect
R2_config_ospf_1#exit
R2_config#
------------------------------R3------------------------------
Router_config#hostname R3
R3_config#interface fastEthernet 0/0
R3_config_f0/0#ip address 1.1.2.2 255.255.255.0
R3_config_f0/0#exit
R3_config#interface fastEthernet 0/1
R3_config_f0/1#ip address 1.1.3.1 255.255.255.0
R3_config_f0/1#exit
R3_config#router ospf 1
R3_config_ospf_1#network 1.1.2.0 255.255.255.0 area 0
R3_config_ospf_1#redistribute connect
R3_config_ospf_1#exit
R3_config#
------------------------------R4------------------------------

Router_config#hostname R4
R4_config#interface fastEthernet 0/0
R4_config_f0/0#ip address 1.1.3.2 255.255.255.0
R4_config_f0/0#exit
R4_config#interface fastEthernet 0/3
R4_config_f0/3#ip address 1.1.4.1 255.255.255.0
R4_config_f0/3#exit
R4_config#router ospf 1
R4_config_ospf_1#network 1.1.4.0 255.255.255.0 area 0
R4_config_ospf_1#redistribute connect
R4_config_ospf_1#exit
R4_config#
```

测试连通性。

```
R3#ping 1.1.2.2
PING 1.1.2.2 (1.1.2.2): 56 data bytes
!!!!!
--- 1.1.2.2 ping statistics ---
5 packets transmitted, 5 packets received, 0% packet loss
round-trip min/avg/max = 0/0/0 ms
R3#ping 1.1.3.2
PING 1.1.3.2 (1.1.3.2): 56 data bytes
!!!!!
--- 1.1.3.2 ping statistics ---
5 packets transmitted, 5 packets received, 0% packet loss
round-trip min/avg/max = 0/0/0 ms
R3#

R2#ping 1.1.1.1
PING 1.1.1.1 (1.1.1.1): 56 data bytes
!!!!!
--- 1.1.1.1 ping statistics ---
5 packets transmitted, 5 packets received, 0% packet loss
round-trip min/avg/max = 0/0/0 ms

R2#ping 1.1.4.1
PING 1.1.4.1 (1.1.4.1): 56 data bytes
!!!!!
--- 1.1.4.1 ping statistics ---
5 packets transmitted, 5 packets received, 0% packet loss
round-trip min/avg/max = 0/0/0 ms
R2#
```

由此得知，单条链路已经连通。

2）配置BGP。

```
------------------------------R1------------------------------
R1_config#router bgp 10
R1_config_bgp#neighbor 1.1.1.2 remote-as 20
R1_config_bgp#neighbor 1.1.2.2 remote-as 10
R1_config_bgp#redistribute ospf 1
R1_config_bgp#redistribute connected
R1_config_bgp#no synchronization
R1_config_bgp#exit
R1_config#
```

```
------------------------------R2------------------------------
R2#config
R2_config#router bgp 20
R2_config_bgp#neighbor 1.1.1.1 remote-as 10
R2_config_bgp#neighbor 1.1.4.1 remote-as 20
R2_config_bgp#redistribute connected
R2_config_bgp#redistribute ospf 1
R2_config_bgp#no synchronization
R2_config_bgp#exit
R2_config#exit

------------------------------R3------------------------------

R3#config
R3_config#router bgp 10
R3_config_bgp#neighbor 1.1.2.1 remote-as 10
R3_config_bgp#neighbor 1.1.3.2 remote-as 20
R3_config_bgp#redistribute ospf 1
R3_config_bgp#redistribute connected
R3_config_bgp#no synchronization
R3_config_bgp#exit
R3_config#exit
------------------------------R4------------------------------
R4_config#router bgp 20
R4_config_bgp#neighbor 1.1.4.2 remote-as 20
R4_config_bgp#neighbor 1.1.3.1 remote-as 10
R4_config_bgp#redistribute ospf 1
R4_config_bgp#redistribute connected
R4_config_bgp#no synchronization
R4_config_bgp#exit
R4_config#exit
```

查看当前路由表。

```
R1#sh ip route
Codes: C - connected, S - static, R - RIP, B - BGP, BC - BGP connected
       D - DEIGRP, DEX - external DEIGRP, O - OSPF, OIA - OSPF inter area
       ON1 - OSPF NSSA external type 1, ON2 - OSPF NSSA external type 2
       OE1 - OSPF external type 1, OE2 - OSPF external type 2
       DHCP - DHCP type

VRF ID: 0
```

```
C       1.1.1.0/24          is directly connected, FastEthernet0/0
C       1.1.2.0/24          is directly connected, FastEthernet0/3
B       1.1.3.0/24          [20,0] via 1.1.1.2
B       1.1.4.0/24          [20,0] via 1.1.1.2
R1#
R2#sh ip route
Codes: C - connected, S - static, R - RIP, B - BGP, BC - BGP connected
        D - DEIGRP, DEX - external DEIGRP, O - OSPF, OIA - OSPF inter area
        ON1 - OSPF NSSA external type 1, ON2 - OSPF NSSA external type 2
        OE1 - OSPF external type 1, OE2 - OSPF external type 2
        DHCP - DHCP type

VRF ID: 0

C       1.1.1.0/24          is directly connected, FastEthernet0/0
B       1.1.2.0/24          [20,0] via 1.1.1.1
B       1.1.3.0/24          [20,0] via 1.1.1.1
C       1.1.4.0/24          is directly connected, FastEthernet0/3
R2#

R3#sh ip route
Codes: C - connected, S - static, R - RIP, B - BGP, BC - BGP connected
        D - DEIGRP, DEX - external DEIGRP, O - OSPF, OIA - OSPF inter area
        ON1 - OSPF NSSA external type 1, ON2 - OSPF NSSA external type 2
        OE1 - OSPF external type 1, OE2 - OSPF external type 2
        DHCP - DHCP type

VRF ID: 0

B       1.1.1.0/24          [20,0] via 1.1.3.2
C       1.1.2.0/24          is directly connected, FastEthernet0/0
C       1.1.3.0/24          is directly connected, FastEthernet0/1
B       1.1.4.0/24          [20,0] via 1.1.3.2

R4#sh ip route
Codes: C - connected, S - static, R - RIP, B - BGP, BC - BGP connected
        D - DEIGRP, DEX - external DEIGRP, O - OSPF, OIA - OSPF inter area
        ON1 - OSPF NSSA external type 1, ON2 - OSPF NSSA external type 2
        OE1 - OSPF external type 1, OE2 - OSPF external type 2
```

```
        DHCP - DHCP type

VRF ID: 0

O E2    1.1.1.0/24          [150,100] via 1.1.4.2(on FastEthernet0/3)
B       1.1.2.0/24          [20,0] via 1.1.3.1
C       1.1.3.0/24          is directly connected, FastEthernet0/0
C       1.1.4.0/24          is directly connected, FastEthernet0/3
R4#
```

查看BGP路由表。

```
R1#sh ip bgp
BGP table version is 0, local router ID is 1.1.2.1
Status codes: s suppressed, d damped, h history, * valid, > best, i - internal
Origin codes: i - IGP, e - EGP, ? - incomplete

   Network          Next Hop          Metric LocPrf Weight Path
*> 1.1.1.0/24       0.0.0.0                         32768 ?
*                   1.1.1.2                             0 20 ?
*> 1.1.2.0/24       0.0.0.0                         32768 ?
*> 1.1.3.0/24       1.1.1.2                             0 20 ?
*> 1.1.4.0/24       1.1.1.2                             0 20 ?

Total number of prefixes 4
R1#

R2#sh ip bgp
BGP table version is 0, local router ID is 1.1.4.2
Status codes: s suppressed, d damped, h history, * valid, > best, i - internal
Origin codes: i - IGP, e - EGP, ? - incomplete

   Network          Next Hop          Metric LocPrf Weight Path
*  1.1.1.0/24       1.1.1.1                             0 10 ?
*>                  0.0.0.0                         32768 ?
* i1.1.2.0/24       1.1.3.1                  100        0 10 ?
*>                  1.1.1.1                             0 10 ?
*>i1.1.3.0/24       1.1.4.1                  100        0 ?
* i1.1.4.0/24       1.1.4.1                  100        0 ?
*>                  0.0.0.0                         32768 ?
```

```
Total number of prefixes 4
R2#

R3#sh ip bgp
BGP table version is 0, local router ID is 1.1.3.1
Status codes: s suppressed, d damped, h history, * valid, > best, i - internal
Origin codes: i - IGP, e - EGP, ? - incomplete

   Network          Next Hop          Metric LocPrf Weight Path
*> 1.1.1.0/24       1.1.3.2                              0 20 ?
*> 1.1.2.0/24       0.0.0.0                          32768 ?
*  1.1.3.0/24       1.1.3.2                              0 20 ?
*>                  0.0.0.0                          32768 ?
*> 1.1.4.0/24       1.1.3.2                              0 20 ?

Total number of prefixes 4
R3#

R4#sh ip bgp
BGP table version is 0, local router ID is 1.1.4.1
Status codes: s suppressed, d damped, h history, * valid, > best, i - internal
Origin codes: i - IGP, e - EGP, ? - incomplete

   Network          Next Hop          Metric LocPrf Weight Path
*>i1.1.1.0/24       1.1.4.2                  100         0 ?
*> 1.1.2.0/24       1.1.3.1                              0 10 ?
* i                 1.1.1.1                  100         0 10 ?
*  1.1.3.0/24       1.1.3.1                              0 10 ?
*>                  0.0.0.0                          32768 ?
*> 1.1.4.0/24       0.0.0.0                          32768 ?
* i                 1.1.4.2                  100         0 ?

Total number of prefixes 4
R4#
```

3）修改路由属性。

使用命令更改R3的本地优先级属性增大为200，由于R1为默认的100，因此R1到达1.1.4.0网络的下一跳将会改变为1.1.3.2，复原。

过程如下。

```
R3_config#router bgp 10
R3_config_bgp#bgp default local-preference 200
```

```
R3_config_bgp#exit
```

此时查看R1的BGP路由表。

```
R1#sh ip bgp
BGP table version is 0, local router ID is 1.1.2.1
Status codes: s suppressed, d damped, h history, * valid, > best, i - internal
Origin codes: i - IGP, e - EGP, ? - incomplete

   Network          Next Hop        Metric LocPrf Weight Path
* i1.1.1.0/24       1.1.3.2                200        0 20 ?
*>                  0.0.0.0                      32768 ?
*                   1.1.1.2                             0 20 ?
* i1.1.2.0/24       1.1.2.2                200        0 ?
*>                  0.0.0.0                      32768 ?
* i1.1.3.0/24       1.1.2.2                200        0 ?
*>                  1.1.1.2                             0 20 ?
* i1.1.4.0/24       1.1.3.2                200        0 20 ?
*>                  1.1.1.2                             0 20 ?

Total number of prefixes 4
R1#
```

注意到已经将这条路由写入了BGP路由表中。

修改第二步中R2使用的重分布命令，改为Network命令将路由表中的网段发布，查看其他路由表有哪些变化。

过程如下。

```
R4#sh ip route
Codes: C - connected, S - static, R - RIP, B - BGP, BC - BGP connected
       D - DEIGRP, DEX - external DEIGRP, O - OSPF, OIA - OSPF inter area
       ON1 - OSPF NSSA external type 1, ON2 - OSPF NSSA external type 2
       OE1 - OSPF external type 1, OE2 - OSPF external type 2
       DHCP - DHCP type

VRF ID: 0

O E2    1.1.1.0/24          [150,100] via 1.1.4.2(on FastEthernet0/3)
B       1.1.2.0/24          [20,0] via 1.1.3.1
C       1.1.3.0/24          is directly connected, FastEthernet0/0
C       1.1.4.0/24          is directly connected, FastEthernet0/3
R4#
```

此时R4的路由表有所变化，再次查看其他路由表。

```
R1#sh ip route
Codes: C - connected, S - static, R - RIP, B - BGP, BC - BGP connected
       D - DEIGRP, DEX - external DEIGRP, O - OSPF, OIA - OSPF inter area
       ON1 - OSPF NSSA external type 1, ON2 - OSPF NSSA external type 2
       OE1 - OSPF external type 1, OE2 - OSPF external type 2
       DHCP - DHCP type

VRF ID: 0

C       1.1.1.0/24          is directly connected, FastEthernet0/0
C       1.1.2.0/24          is directly connected, FastEthernet0/3
O E2    1.1.3.0/24          [150,100] via 1.1.2.2(on FastEthernet0/3)
B       1.1.4.0/24          [200,0] via 1.1.3.2
R1#
R3_config#sh ip route
Codes: C - connected, S - static, R - RIP, B - BGP, BC - BGP connected
       D - DEIGRP, DEX - external DEIGRP, O - OSPF, OIA - OSPF inter area
       ON1 - OSPF NSSA external type 1, ON2 - OSPF NSSA external type 2
       OE1 - OSPF external type 1, OE2 - OSPF external type 2
       DHCP - DHCP type

VRF ID: 0

O E2    1.1.1.0/24          [150,100] via 1.1.2.1(on FastEthernet0/0)
C       1.1.2.0/24          is directly connected, FastEthernet0/0
C       1.1.3.0/24          is directly connected, FastEthernet0/1
B       1.1.4.0/24          [20,0] via 1.1.3.2
R3_config#
```

进一步查看BGP路由。

```
R3#sh ip bgp
BGP table version is 0, local router ID is 1.1.3.1
Status codes: s suppressed, d damped, h history, * valid, > best, i - internal
Origin codes: i - IGP, e - EGP, ? - incomplete

   Network          Next Hop            Metric LocPrf Weight Path
*  1.1.1.0/24       1.1.3.2                               0 20 i
*>i                 1.1.2.1                    100        0 ?
* i1.1.2.0/24       1.1.2.1                    100        0 ?
*>                  0.0.0.0                           32768 ?
*  1.1.3.0/24       1.1.3.2                               0 20 ?
```

```
*>                      0.0.0.0                          32768 ?
*> 1.1.4.0/24           1.1.3.2                              0 20 ?

Total number of prefixes 4
R3#

R1#sh ip bgp
BGP table version is 0, local router ID is 1.1.2.1
Status codes: s suppressed, d damped, h history, * valid, > best, i - internal
Origin codes: i - IGP, e - EGP, ? - incomplete

   Network            Next Hop          Metric LocPrf Weight Path
*  1.1.1.0/24         1.1.1.2                             0 20 i
*>                    0.0.0.0                         32768 ?
* i1.1.2.0/24         1.1.2.2                  100        0 ?
*>                    0.0.0.0                         32768 ?
*>i1.1.3.0/24         1.1.2.2                  100        0 ?
*>i1.1.4.0/24         1.1.3.2                  100        0 20 ?

Total number of prefixes 4
R1#

R2#sh ip bgp
BGP table version is 0, local router ID is 1.1.4.2
Status codes: s suppressed, d damped, h history, * valid, > best, i - internal
Origin codes: i - IGP, e - EGP, ? - incomplete

   Network            Next Hop          Metric LocPrf Weight Path
*  1.1.1.0/24         1.1.1.1                             0 10 ?
*>                    0.0.0.0                         32768 i
* i1.1.2.0/24         1.1.3.1                  100        0 10 ?
*>                    1.1.1.1                             0 10 ?
* i1.1.3.0/24         1.1.4.1                  100        0 ?
*>                    1.1.1.1                             0 10 ?
*> 1.1.4.0/24         0.0.0.0                         32768 i
* i                   1.1.4.1                  100        0 ?

Total number of prefixes 4
R2#
```

```
R4#sh ip bgp
BGP table version is 0, local router ID is 1.1.4.1
Status codes: s suppressed, d damped, h history, * valid, > best, i - internal
Origin codes: i - IGP, e - EGP, ? - incomplete

   Network          Next Hop            Metric LocPrf Weight Path
*>i1.1.1.0/24       1.1.4.2                  100      0 i
*                   1.1.3.1                           0 10 ?
* i1.1.2.0/24       1.1.1.1                  100      0 10 ?
*>                  1.1.3.1                           0 10 ?
* i1.1.3.0/24       1.1.1.1                  100      0 10 ?
*                   1.1.3.1                           0 10 ?
*>                  0.0.0.0                       32768 ?
* i1.1.4.0/24       1.1.4.2                  100      0 i
*>                  0.0.0.0                       32768 ?

Total number of prefixes 4
R4#
```

8. 注意事项和排错

注意，此时的OSPF协议没有将左右网络都添加是因为要区分不同的自治系统。

9. 完整配置文档

```
------------------------------R1------------------------------
R1#sh ru
Building configuration...

Current configuration:
!
!version 1.3.3G
service timestamps log date
service timestamps debug date
no service password-encryption
!
hostname R1
!
gbsc group default
```

```
------------------------------R2------------------------------
R2#sh ru
Building configuration...

Current configuration:
!
!version 1.3.3G
service timestamps log date
service timestamps debug date
no service password-encryption
!
hostname R2
!
gbsc group default
```

```
!
 --More-- Jan  1 00:05:00 Configured from console 0 by
UNKNOWN
!
interface FastEthernet0/0
 ip address 1.1.1.1 255.255.255.0
 no ip directed-broadcast
!
interface FastEthernet0/3
 ip address 1.1.2.1 255.255.255.0
 no ip directed-broadcast
!
interface Serial0/1
 no ip address
 no ip directed-broadcast
!
interface Serial0/2
 no ip address
 no ip directed-broadcast
!
interface Async0/0
 no ip address
 no ip directed-broadcast
!
router ospf 1
 network 1.1.2.0 255.255.255.0 area 0
 redistribute connect
!
router bgp 10
 no synchronization
 bgp log-neighbor-changes
 redistribute connected
 redistribute ospf 1
 neighbor 1.1.1.2 remote-as 20
 neighbor 1.1.2.2 remote-as 10
!
-------------------------------R3-------------------------------
R3#sh ru
Building configuration...

Current configuration:
```

```
!
interface FastEthernet0/0
 ip address 1.1.1.2 255.255.255.0
 no ip directed-broadcast
!
interface FastEthernet0/3
 ip address 1.1.4.2 255.255.255.0
 no ip directed-broadcast
!
interface Serial0/1
 no ip address
 no ip directed-broadcast
!
interface Serial0/2
 no ip address
 no ip directed-broadcast
!
interface Async0/0
 no ip address
 no ip directed-broadcast
!
router ospf 1
 network 1.1.4.0 255.255.255.0 area 0
 redistribute connect
!
router bgp 20
 bgp log-neighbor-changes
 network 1.1.1.0/24
 network 1.1.3.0/24
 network 1.1.4.0/24
 neighbor 1.1.1.1 remote-as 10
 neighbor 1.1.4.1 remote-as 20
!
-------------------------------R4--------------------------------
R4#sh ru
Building configuration...

Current configuration:
```

```
!
!version 1.3.3G
service timestamps log date
service timestamps debug date
no service password-encryption
!
hostname C
!
gbsc group default
!
interface FastEthernet0/0
 ip address 1.1.2.2 255.255.255.0
 no ip directed-broadcast
!
interface FastEthernet0/1
 ip address 1.1.3.1 255.255.255.0
 no ip directed-broadcast
!
interface Serial0/2
 no ip address
 no ip directed-broadcast
!
interface Serial0/3
 no ip address
 no ip directed-broadcast
!
interface Async0/0
 no ip address
 no ip directed-broadcast
!
router ospf 1
 network 1.1.2.0 255.255.255.0 area 0
 redistribute connect
!
router bgp 10
 no synchronization
 bgp log-neighbor-changes
 redistribute connected
 redistribute ospf 1
 neighbor 1.1.2.1 remote-as 10
```

```
!
!version 1.3.3G
service timestamps log date
service timestamps debug date
no service password-encryption
!
hostname D
!
gbsc group default
!
interface FastEthernet0/0
 ip address 1.1.3.2 255.255.255.0
 no ip directed-broadcast
!
interface FastEthernet0/3
 ip address 1.1.4.1 255.255.255.0
 no ip directed-broadcast
!
interface Serial0/1
 no ip address
 no ip directed-broadcast
!
interface Serial0/2
 no ip address
 no ip directed-broadcast
!
interface Async0/0
 no ip address
 no ip directed-broadcast
!
router ospf 1
 network 1.1.4.0 255.255.255.0 area 0
 redistribute connect
!
router bgp 20
 no synchronization
 bgp log-neighbor-changes
 redistribute connected
 redistribute ospf 1
 neighbor 1.1.3.1 remote-as 10
```

```
neighbor 1.1.3.2 remote-as 20
!
neighbor 1.1.4.2 remote-as 20
!
```

10. 案例总结

通过对本项目的学习，熟悉了BGP的选路原则，修改了BGP路由属性，能更好地理解BGP。BGP的重点是控制路由，控制数据流在网络中的流向，灵活运用BGP的路由属性。

11. 共同思考

BGP与IGP相比，有哪些优点？

12. 课后练习

1）案例拓扑图如图24-2所示。

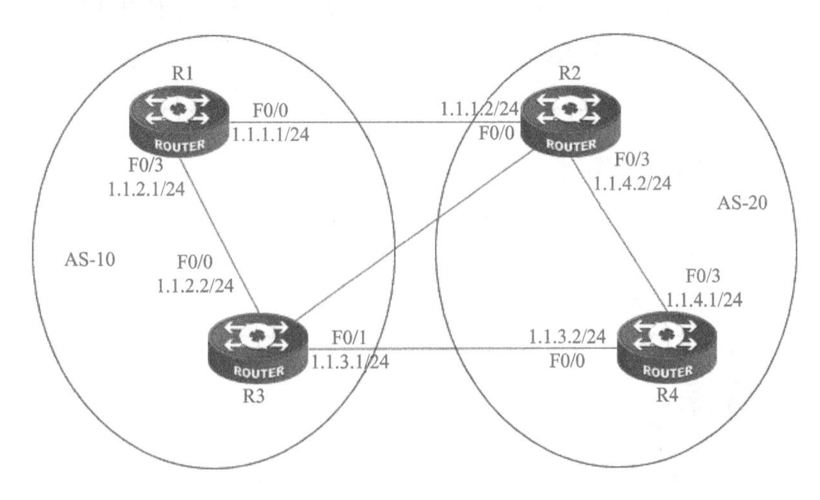

图24-2　案例拓扑图

2）案例要求：在之前的案例基础上，在B和C之间增加一个链路，重做本实验，结果是否有变化？

案例25　BGP 路由反射器配置

1. 知识点回顾

为了保证IBGP对等体之间的连通性，需要在IBGP对等体之间建立全连接关系，若一个AS内部存在n台路由器，那么应该建立的IBGP连接就是n（n-1）/2。若路由器很多，建立的连接就很多，会消耗大量中央处理器资源，通过配置路由反射，IBGP对等体之间实现不建立全连接，就能满足连通性的要求。

2. 案例目的

- 理解路由反射器的作用。
- 深入理解路由同步等概念。
- 掌握BGP反射器的配置方法。

3. 应用环境

配置了BGP路由反射器，就不再需要全互连的IBGP对等体。路由反射器允许向其他IBGP对等体传输IBGP路由。当内部邻居命令数量过多时，ISP可以采用路由反射器技术。路由反射器通过让主要路由器给它们的路由反射器客户复制路由更新，来减少AS内BGP邻居关系的数量（这样可以减少TCP连接）。

4. 案例需求

- 路由器4台。
- 网线若干。

5. 案例拓扑

BGP路由反射器配置案例拓扑图如图25-1所示。

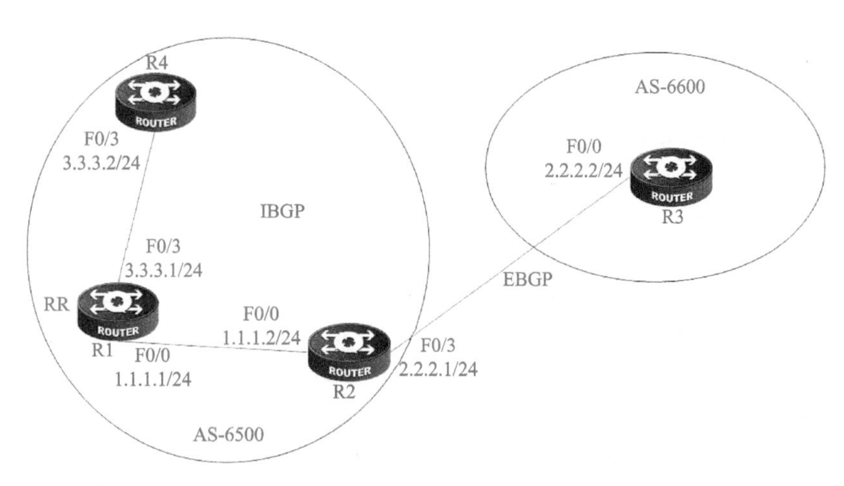

图25-1　BGP路由反射器配置案例拓扑图

6. 案例需求

1）按照图25-1配置基础网络环境，测试连通性。
2）配置R1、R2、R4为AS6500的BGP路由器，它们为IBGP邻居。
3）R3在AS6600中，与R2建立EBGP邻居关系。
4）此时查看R1、R2、R4的路由表，观察会有什么问题。
5）再次将路由器1配置为路由反射器，再次查看路由表，观察会有什么变化。

7. 实现步骤

1）配置基础网络环境。
根据图25-1进行相应的项目环境基础配置，并使用ping命令测试路由器之间的连通性。

```
------------------------------R1------------------------------
Router_config#hostname R1
R1_config#interface fastEthernet 0/0
R1_config_f0/0#ip address 3.3.3.1 255.255.255.0
R1_config_f0/0#exit
R1_config#interface fastEthernet 0/3
R1_config_f0/3#ip address 1.1.1.1 255.255.255.0
R1_config_f0/3#exit
R1_config#router ospf 1
R1_config_ospf_1#network 1.1.1.0 255.255.255.0 area 0
R1_config_ospf_1#network 3.3.3.0 255.255.255.0 area 0
R1_config_ospf_1#exit
R1_config#
```

```
------------------------------R4------------------------------
Router_config#hostname R2
R2_config#interface fastEthernet 0/0
R2_config_f0/0#ip address 1.1.1.2 255.255.255.0
R2_config_f0/0#exit
R2_config#interface fastEthernet 0/3
R2_config_f0/3#ip address 2.2.2.1 255.255.255.0
R2_config_f0/3#exit
R2_config#router ospf 1
R2_config_ospf_1#network 1.1.1.0 255.255.255.0 area 0
R2_config_ospf_1#redistribute connect
R2_config_ospf_1#exit
------------------------------R3------------------------------
Router_config#hostname R3
R3_config#interface fastEthernet 0/0
R3_config_f0/0#ip address 2.2.2.2 255.255.255.0

------------------------------R4------------------------------

Router_config#hostname R4
R4_config#interface fastEthernet 0/0
R4_config_f0/0#ip add 3.3.3.2 255.255.255.0
R4_config_f0/0#exit
R4_config#interface loopback 0
R4_config_l0#ip add 192.168.4.1 255.255.255.0
R4_config_l0#exit
R4_config#router ospf 1
R4_config_ospf_1#network 3.3.3.0 255.255.255.0 area 0
R4_config_ospf_1#redistribute connect
R4_config_ospf_1#exit
```

测试连通性如下。

```
R2#ping 2.2.2.2
PING 2.2.2.2 (2.2.2.2): 56 data bytes
!!!!!
--- 2.2.2.2 ping statistics ---
5 packets transmitted, 5 packets received, 0% packet loss
round-trip min/avg/max = 0/0/0 ms
R2#
R2#ping Jan  1 00:07:31 Configured from console 0 by UNKNOWN
```

```
1.1.1.1
PING 1.1.1.1 (1.1.1.1): 56 data bytes
!!!!!
--- 1.1.1.1 ping statistics ---
5 packets transmitted, 5 packets received, 0% packet loss
round-trip min/avg/max = 0/0/0 ms
R2#
R4#ping 3.3.3.1
PING 3.3.3.1 (3.3.3.1): 56 data bytes
!!!!!
--- 3.3.3.1 ping statistics ---
5 packets transmitted, 5 packets received, 0% packet loss
round-trip min/avg/max = 0/0/0 ms
R4#
```

2）配置BGP环境，过程如下。

```
-------------------------------R1-------------------------------
R1#config
R1_config#router bgp 6500
R1_config_bgp#neighbor 1.1.1.2 remote-as 6500
R1_config_bgp#neighbor 3.3.3.2 remote-as 6500
R1_config_bgp#network 1.1.1.0/24
R1_config_bgp#network 3.3.3.0/24
R1_config_bgp#network 192.168.4.0/24
R1_config_bgp#exit
R1_config#
-------------------------------R2-------------------------------
R2#config
R2_config#router bgp 6500
R2_config_bgp#neighbor 1.1.1.1 remote-as 6500
R2_config_bgp#neighbor 2.2.2.2 remote-as 6600
R2_config_bgp#network 1.1.1.0/24
R2_config_bgp#network 2.2.2.0/24
R2_config_bgp#network 3.3.3.0/24
R2_config_bgp#network 192.168.4.0/24
R2_config_bgp#no synchronization
R2_config_bgp#exit
-------------------------------R3-------------------------------
R3#config
R3_config#router bgp 6600
```

```
    R3_config_bgp#neighbor 2.2.2.1 remote-as 6500
    R3_config_bgp#network 2.2.2.0/24
    R3_config_bgp#exit
R3_config#exit
    ------------------------------R4------------------------------
    R4_config#router bgp 6500
    R4_config_bgp#neighbor 3.3.3.1 remote-as 6500
    R4_config_bgp#network 1.1.1.0/24
    R4_config_bgp#network 2.2.2.0/24
    R4_config_bgp#network 3.3.3.0/24
    R4_config_bgp#network 192.168.4.0/24
    R4_config_bgp#no synchronization
    R4_config_bgp#exit
    R4_config#exit
R4#
```

查看路由表。

```
    ------------------------------R1------------------------------

    R1#sh ip route
    Codes: C - connected, S - static, R - RIP, B - BGP, BC - BGP connected
           D - DEIGRP, DEX - external DEIGRP, O - OSPF, OIA - OSPF inter area
           ON1 - OSPF NSSA external type 1, ON2 - OSPF NSSA external type 2
           OE1 - OSPF external type 1, OE2 - OSPF external type 2
           DHCP - DHCP type

    VRF ID: 0

    C      1.1.1.0/24         is directly connected, FastEthernet0/3
    O E2   2.2.2.0/24         [150,100] via 1.1.1.2(on FastEthernet0/3)
    C      3.3.3.0/24         is directly connected, FastEthernet0/0
    B      192.168.3.0/24     [200,0] via 2.2.2.2
    O E2   192.168.4.0/24     [150,100] via 3.3.3.2(on FastEthernet0/0)
    ------------------------------R2------------------------------
    R2#sh ip route
    Codes: C - connected, S - static, R - RIP, B - BGP, BC - BGP connected
           D - DEIGRP, DEX - external DEIGRP, O - OSPF, OIA - OSPF inter area
           ON1 - OSPF NSSA external type 1, ON2 - OSPF NSSA external type 2
           OE1 - OSPF external type 1, OE2 - OSPF external type 2
           DHCP - DHCP type
```

```
    VRF ID: 0

    C     1.1.1.0/24          is directly connected, FastEthernet0/0
    C     2.2.2.0/24          is directly connected, FastEthernet0/3
    O     3.3.3.0/24          [110,2] via 1.1.1.1(on FastEthernet0/0)
    B     192.168.3.0/24      [20,0] via 2.2.2.2
    O E2  192.168.4.0/24      [150,100] via 1.1.1.1(on FastEthernet0/0)
R2#
------------------------------R3------------------------------
    R3#sh ip route
    Codes: C - connected, S - static, R - RIP, B - BGP, BC - BGP connected
           D - DEIGRP, DEX - external DEIGRP, O - OSPF, OIA - OSPF inter area
           ON1 - OSPF NSSA external type 1, ON2 - OSPF NSSA external type 2
           OE1 - OSPF external type 1, OE2 - OSPF external type 2
           DHCP - DHCP type

    VRF ID: 0

    B      1.1.1.0/24          [20,0] via 2.2.2.1
    C      2.2.2.0/24          is directly connected, FastEthernet0/0
    B      3.3.3.0/24          [20,0] via 2.2.2.1
    C      192.168.3.0/24      is directly connected, Loopback0
    B      192.168.4.0/24      [20,0] via 2.2.2.1
R3#
------------------------------R4------------------------------
    R4#sh ip route
    Codes: C - connected, S - static, R - RIP, B - BGP, BC - BGP connected
           D - DEIGRP, DEX - external DEIGRP, O - OSPF, OIA - OSPF inter area
           ON1 - OSPF NSSA external type 1, ON2 - OSPF NSSA external type 2
           OE1 - OSPF external type 1, OE2 - OSPF external type 2
           DHCP - DHCP type

    VRF ID: 0

    O      1.1.1.0/24          [110,2] via 3.3.3.1(on FastEthernet0/0)
    O E2   2.2.2.0/24          [150,100] via 3.3.3.1(on FastEthernet0/0)
    C      3.3.3.0/24          is directly connected, FastEthernet0/0
    C      192.168.4.0/24      is directly connected, Loopback0
R4#
```

R4中缺少AS外的路由，这是由于IBGP的特性决定的，需要使用路由反射器来解决。本实验中路由器1可以作为路由反射器，配置如下。

3）配置路由反射器。

```
R1_config#router bgp 6500
R1_config_bgp#neighbor 3.3.3.2 route-reflector-client
R1_config_bgp#neighbor 1.1.1.2 route-reflector-client
```

再次查看路由器R4的路由。

```
R4#sh ip route
Codes: C - connected, S - static, R - RIP, B - BGP, BC - BGP connected
       D - DEIGRP, DEX - external DEIGRP, O - OSPF, OIA - OSPF inter area
       ON1 - OSPF NSSA external type 1, ON2 - OSPF NSSA external type 2
       OE1 - OSPF external type 1, OE2 - OSPF external type 2
       DHCP - DHCP type

VRF ID: 0

B     1.1.1.0/24       [200,0] via 3.3.3.1
B     2.2.2.0/24       [200,0] via 1.1.1.2
C     3.3.3.0/24       is directly connected, FastEthernet0/0
B     192.168.3.0/24   [200,0] via 2.2.2.2
C     192.168.4.0/24   is directly connected, Loopback0
R4#
```

8. 注意事项和排错

客户机之间不需要建立IBGP连接就能实现在客户机之间传递（反射）路由信息。

9. 完整配置文档

```
------------------------------R1------------------------------
R1#sh ru
Building configuration...

Current configuration:
!
!version 1.3.3G
service timestamps log date
service timestamps debug date
no service password-encryption
!
```

```
------------------------------R2------------------------------
R2#sh ru
Building configuration...

Current configuration:
!
!version 1.3.3G
service timestamps log date
service timestamps debug date
no service password-encryption
!
```

```
hostname R1
!
gbsc group default
!
interface FastEthernet0/0
 ip address 3.3.3.1 255.255.255.0
 no ip directed-broadcast
!
interface FastEthernet0/3
 ip address 1.1.1.1 255.255.255.0
 no ip directed-broadcast
!
interface Serial0/1
 no ip address
 no ip directed-broadcast
!
interface Serial0/2
 no ip address
 no ip directed-broadcast
!
interface Async0/0
 no ip address
 no ip directed-broadcast
!
router ospf 1
 network 1.1.1.0 255.255.255.0 area 0
 network 3.3.3.0 255.255.255.0 area 0
!
router bgp 6500
 no synchronization
 bgp log-neighbor-changes
 network 1.1.1.0/24
 network 3.3.3.0/24
 network 192.168.4.0/24
 neighbor 1.1.1.2 remote-as 6500
 neighbor 1.1.1.2 route-reflector-client
 neighbor 3.3.3.2 remote-as 6500
 neighbor 3.3.3.2 route-reflector-client
!
```

```
hostname R2
!
gbsc group default
!
interface FastEthernet0/0
 ip address 1.1.1.2 255.255.255.0
 no ip directed-broadcast
!
interface FastEthernet0/3
 ip address 2.2.2.1 255.255.255.0
 no ip directed-broadcast
!
interface Serial0/1
 no ip address
 no ip directed-broadcast
!
interface Serial0/2
 no ip address
 no ip directed-broadcast
!
interface Async0/0
 no ip address
 no ip directed-broadcast
!
router ospf 1
 network 1.1.1.0 255.255.255.0 area 0
 redistribute connect
!
router bgp 6500
 no synchronization
 bgp log-neighbor-changes
 network 1.1.1.0/24
 network 2.2.2.0/24
 network 3.3.3.0/24
 network 192.168.4.0/24
 neighbor 1.1.1.1 remote-as 6500
 neighbor 2.2.2.2 remote-as 6600
!
```

```
------------------------------R3------------------------------
R3#sh ru
```

```
-----------------------------R4-----------------------------
R4#sh ru
```

```
Building configuration...

Current configuration:
!
!version 1.3.3G
service timestamps log date
service timestamps debug date
no service password-encryption
!
hostname R3
!
gbsc group default
!
interface Loopback0
 ip address 192.168.3.1 255.255.255.0
 no ip directed-broadcast
!
interface FastEthernet0/0
 ip address 2.2.2.2 255.255.255.0
 no ip directed-broadcast
!
interface FastEthernet0/1
 no ip address
 no ip directed-broadcast
!
interface Serial0/2
 no ip address
 no ip directed-broadcast
!
interface Serial0/3
 no ip address
 no ip directed-broadcast
!
interface Async0/0
 no ip address
 no ip directed-broadcast
!
router bgp 6600
 bgp log-neighbor-changes
 network 2.2.2.0/24
```

```
Building configuration...

Current configuration:
!
!version 1.3.3G
service timestamps log date
service timestamps debug date
no service password-encryption
!
hostname R4
!
gbsc group default
!
interface Loopback0
 ip address 192.168.4.1 255.255.255.0
 no ip directed-broadcast
!
interface FastEthernet0/0
 ip address 3.3.3.2 255.255.255.0
 no ip directed-broadcast
!
interface FastEthernet0/3
 no ip address
 no ip directed-broadcast
!
interface Serial0/1
 no ip address
 no ip directed-broadcast
!
interface Serial0/2
 no ip address
 no ip directed-broadcast
!
interface Async0/0
 no ip address
 no ip directed-broadcast
!
router ospf 1
 network 3.3.3.0 255.255.255.0 area 0
 redistribute connect
```

```
 network 192.168.3.0/24
 neighbor 2.2.2.1 remote-as 6500
!
```

```
!
router bgp 6500
 no synchronization
 bgp log-neighbor-changes
 network 1.1.1.0/24
 network 2.2.2.0/24
 network 3.3.3.0/24
 network 192.168.4.0/24
 neighbor 3.3.3.1 remote-as 6500
```

10. 案例总结

通过对本案例的学习，可知路由反射器允许某些网络设备将从IBGP对等体接收到的路有信息发布给其他的IBGP对等体，路由反射器扮演了一个路由汇集点，客户机只需要和路由反射器建立IBGP连接即可，这样就能减少IBGP连接数量。

11. 共同思考

BGP反射的路由规则，从客户机接收到的路由反射给客户机，从非客户机之间接收到的路由呢？

12. 课后练习

1）案例拓扑图如图25-2所示。

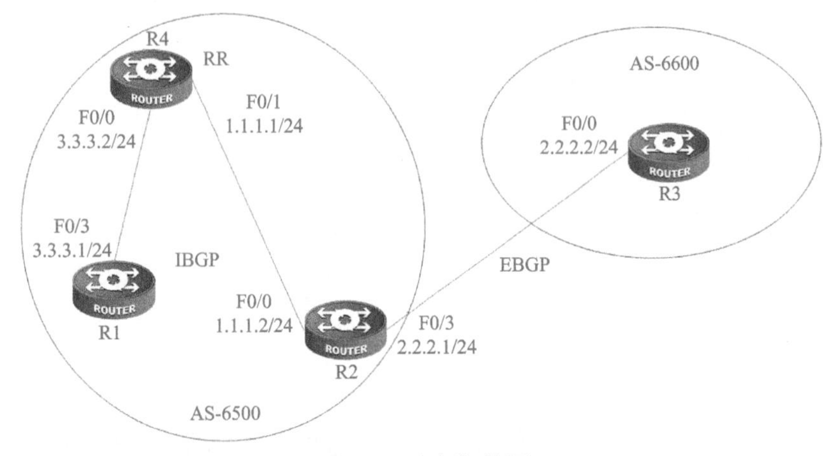

图25-2　案例拓扑图

2）案例要求：在之前案例的基础上进行修改，把R1、R2之间的链路迁移到R2、R4之间，并且RR也迁移到R4，完成之前的实验需求。

参考文献

[1] STEVENS W R. TCP/IP 详解卷 1：协议 [M]．吴英，张玉，许昱玮，译．北京：机械工业出版社，2016.

[2] DOYLE J. TCP/IP 路由技术：第 2 卷 [M]．夏俊杰，译．北京：人民邮电出版社，2017.

[3] 沈鑫剡，魏涛，邵发明，等．路由和交换技术 [M]．2 版．北京：清华大学出版社，2018.